U0222763

教学视频

新

印象

罗雅琦 ◎ 编著

After Effects 特效制作
核心技术案例教程

▶ 860分钟
教学视频

NEW
IMPRESSION

图书在版编目（ＣＩＰ）数据

新印象：After Effects特效制作核心技术案例教程/
罗雅琦编著. -- 北京：人民邮电出版社，2023.7
ISBN 978-7-115-61108-6

Ⅰ．①新… Ⅱ．①罗… Ⅲ．①图像处理软件—教材
Ⅳ．①TP391.413

中国国家版本馆CIP数据核字(2023)第026490号

内 容 提 要

这是一本 After Effects 特效制作全视频实例教程，全书结合 After Effects 和各类特效插件，通过实例讲解不同类型特效的制作方法。

全书共 10 章：第 1 章主要介绍 After Effects 的基础知识；第 2～10 章主要介绍不同类型特效的制作方法，包含音频动画效果、路径动画效果、文字动画效果、电流动画效果、燃烧动画效果、DNA 链式动画效果、天体动画效果、自然元素动画效果和流体动画效果。本书大部分实例有详细的制作流程，以帮助读者理解制作过程中的操作逻辑。除此之外，本书还提供所有实例的素材、效果和工程文件，以及在线教学视频，获取方式请查阅"资源与支持"页面。

本书适合有一定 After Effects 特效制作基础的读者学习，也适合作为影视特效相关专业的教材。本书实例均采用 After Effects 2020 和相关特效插件进行编写，请读者使用相同或更高版本的软件来学习。

- ♦ 编　著　　罗雅琦
  责任编辑　　王　冉
  责任印制　　马振武
- ♦ 人民邮电出版社出版发行　　北京市丰台区成寿寺路 11 号
  邮编　100164　　电子邮件　315@ptpress.com.cn
  网址　http://www.ptpress.com.cn
  北京盛通印刷股份有限公司印刷
- ♦ 开本：787×1092　1/16　　　　彩插：4
  印张：17.75　　　　　　　　　2023 年 7 月第 1 版
  字数：530 千字　　　　　　　　2023 年 7 月北京第 1 次印刷

定价：119.80 元

读者服务热线：(010)81055410　印装质量热线：(010)81055316
反盗版热线：(010)81055315
广告经营许可证：京东市监广登字 20170147 号

2.1 音频频谱
- 教学视频　音频频谱.mp4
- 学习目标　掌握表达式的使用方法

第28页

2.4 音乐小方块（使用Plexus插件）
- 教学视频　音乐小方块（使用Plexus插件）.mp4
- 学习目标　掌握添加"发光"效果的方法

第39页

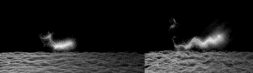 

2.8 粒子随音乐跳动（使用Sound Keys、Particular、Form、Starglow插件）
- 教学视频　粒子随音乐跳动.mp4
- 学习目标　掌握Sound Keys插件的使用方法

第54页

4.2 3D文字生长（使用Stardust插件）
- 教学视频　3D文字生长（使用Stardust插件）.mp4
- 学习目标　掌握边缘发射粒子的设置方法

第77页

4.9 立体金属字（使用Element插件）
- 教学视频　立体金属字（使用Element插件）.mp4
- 学习目标　掌握UV贴图的使用方法

第113页

5.1 电流字

- ■ 教学视频　电流字.mp4
- ■ 学习目标　掌握添加"湍流置换"效果的方法

5.2 指尖电流

- ■ 教学视频　指尖电流.mp4
- ■ 学习目标　掌握跟踪点的设置方法

5.4 闪电球动画

- ■ 教学视频　闪电球动画.mp4
- ■ 学习目标　掌握辉光颜色的使用方法

6.1 火焰燃烧

- ■ 教学视频　火焰燃烧.mp4
- ■ 学习目标　掌握添加"锐化"效果的方法

6.2 模拟火球

- ■ 教学视频　模拟火球.mp4
- ■ 学习目标　掌握添加"发光"效果的方法

6.3 超炫火焰（使用Trapcode Form插件）

- ■ 教学视频　超炫火焰（使用Trapcode Form插件）.mp4
- ■ 学习目标　掌握Form插件的使用方法

第157页

   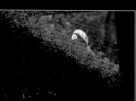

6.9 照片燃烧（使用Trapcode Particular插件）

- ■ 教学视频　照片燃烧（使用Trapcode Particular插件）.mp4
- ■ 学习目标　掌握添加"置换图"效果的方法

第177页

7.1 DNA螺旋线（使用Trapcode Form插件）

- ■ 教学视频　DNA螺旋线（使用Trapcode Form插件）.mp4
- ■ 学习目标　掌握添加"梯度渐变"效果的方法

第192页

7.2 DNA动画（使用Trapcode Form插件）

- ■ 教学视频　DNA动画（使用Trapcode Form插件）.mp4
- ■ 学习目标　掌握扭曲变形的设置方法

第194页

8.8 旋转星云（使用Trapcode Particular插件）

- ■ 教学视频　旋转星云（使用Trapcode Particular插件）.mp4
- ■ 学习目标　掌握粒子渐变色的设置方法

第233页

8.9 银河星系（使用Stardust插件）

- ■ 教学视频 银河星系（使用Stardust插件）.mp4
- ■ 学习目标 掌握棒旋结构的制作方法

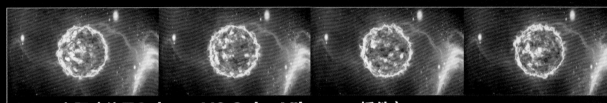

8.11 太阳（使用Saber、VC Color Vibrance插件）

- ■ 教学视频 太阳（使用Saber、VC Color Vibrance插件）.mp4
- ■ 学习目标 掌握整体提亮的方法

9.3 星雨（使用Trapcode Particular插件）

- ■ 教学视频 星雨（使用Trapcode Particular插件）.mp4
- ■ 学习目标 掌握叠加变化粒子的方法

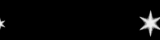

9.4 雪花动画（使用Stardust插件）

- ■ 教学视频 雪花动画（使用Stardust插件）.mp4
- ■ 学习目标 掌握关键帧动画的制作方法

9.6 下雪

- ■ 教学视频 下雪.mp4
- ■ 学习目标 掌握下雪动画的制作方法

9.7 唯美雪花动画（使用Trapcode Particular插件）

- ■ 教学视频　唯美雪花动画（使用Trapcode Particular插件）.mp4
- ■ 学习目标　掌握Particular插件的使用方法

第274页

10.1 波纹涟漪

- ■ 教学视频　波纹涟漪.mp4
- ■ 学习目标　掌握三维方向的调整方法

第276页

10.2 海底世界（使用Trapcode 3d Stroke、 Shine插件）

- ■ 教学视频　海底世界（使用Trapcode 3d Stroke、Shine插件）.mp4
- ■ 学习目标　掌握3D Stroke插件的使用方法

第278页

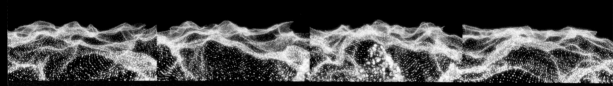

10.3 粒子海洋（使用Stardust插件）

- ■ 教学视频　粒子海洋（使用Stardust插件）.mp4
- ■ 学习目标　掌握添加"发光"效果的方法

第280页

10.4 海洋泡泡

- ■ 教学视频　海洋泡泡.mp4
- ■ 学习目标　掌握添加"湍流置换"效果的方法

第282页

10.5 模拟海面（使用Deep Glow插件）

- ■ 教学视频 模拟海面（使用Deep Glow插件）.mp4
- ■ 学习目标 掌握添加"镜像"效果的方法

第284页

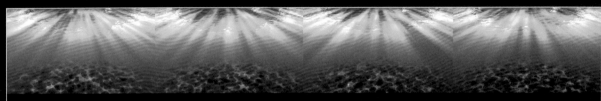

10.6 海底

- ■ 教学视频 海底.mp4
- ■ 学习目标 掌握添加"分形杂色"效果的方法

第287页

10.8 水滴

- ■ 教学视频 水滴.mp4
- ■ 学习目标 掌握添加CC Lens效果的方法

第291页

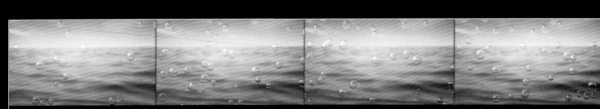

10.9 水珠滑落

- ■ 教学视频 水珠滑落.mp4
- ■ 学习目标 掌握水珠滑落动画的制作方法

第292页

10.10 冰冻

- ■ 教学视频 冰冻.mp4
- ■ 学习目标 掌握半固体的制作方法

第292页

前言

关于本书

After Effects能用来做什么？制作视频、影视、游戏特效……这些答案都是对的，但也不完全对，因为只用After Effects是不能制作出这些内容的，还需要其他插件的辅助。总的来说，After Effects相当于一个加工厂，素材相当于原料，而特效相当于添加剂。

特效的学习并不受限于领域，这些只是应用层面的东西。游戏中的"火"和动画中的"火"都属于火的特效，只是应用场景不同导致呈现方式不一样罢了，它们的本质是没有区别的。本书介绍的特效都是独立存在的，重点在于介绍制作方法，读者可以根据自己的需求将它们应用到各个领域。另外，制作特效需要用到各类插件，这也是本书的学习重点。

本书内容

本书共10章，包含9种类型的特效制作方法。为了方便读者学习，本书的所有案例均配有教学视频。

第1章：After Effects基础。介绍After Effects支持的文件类型、基本功能及界面与操作。

第2章：音频动画效果。介绍与音频相关的视觉特效的制作方法。

第3章：路径动画效果。介绍位移相关特效的制作方法。

第4章：文字动画效果。介绍文字类特效的制作方法。

第5章：电流动画效果。介绍电流字、闪电球等电流类特效的制作方法。

第6章：燃烧动画效果。介绍火焰、核爆、火球等与火相关的特效的制作方法。

第7章：DNA链式动画效果。介绍螺旋状对象相关特效的制作方法。

第8章：天体动画效果。介绍星云、黑洞、太阳等对象相关特效的制作方法。

第9章：自然元素动画效果。介绍风、雨、雪等自然元素相关特效的制作方法。

第10章：流体动画效果。介绍海洋、水滴等对象相关特效的制作方法。

作者感言

很高兴能与人民邮电出版社数字艺术分社合作，推出一本以After Effects软件为工具，介绍主流特效制作方法的纯实例教程。近年来，我个人时常在哔哩哔哩上分享各类特效的制作方法，现在将这些制作方法以图书的形式分享出来，希望能让更多爱好者受益。书中的内容都是我精挑细选的，因为篇幅有限，无法呈现所有特效，所以在配套资源中分享了其他特效的制作方法，希望对读者的学习有所帮助。

导读

1.版式说明

静帧效果展示：帮助读者观察特效细节。

重点环节提炼：提取重要环节并标注，帮助读者掌握制作流程。

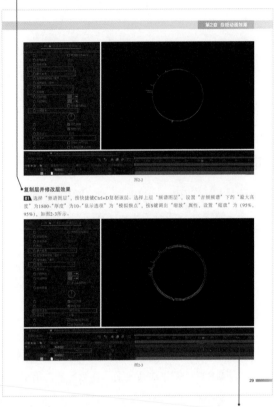

详细步骤：图文结合的步骤介绍，可以让读者掌握制作过程和制作细节。

实时效果：每完成一个步骤都会展示对应的效果，便于读者在学习过程中进行对比。

2.阅读说明与学习建议

在阅读过程中看到的"单击""双击"分别意为单击或双击鼠标左键。

在阅读过程中看到的"按快捷键Ctrl+C"等内容，意为同时按下键盘上的Ctrl键和C键。

在阅读过程中看到的"拖曳"，意为按住鼠标左键并拖动鼠标。

在阅读过程中看到的用双引号引起来的内容表示软件中的命令、选项、参数或学习资源中的文件。

在阅读过程中会看到界面被拆分并拼接的情况，这是为了满足排版需要，不会影响学习和操作。

在学完某项内容后，建议读者找一些素材，将特效应用到素材中，来验证学习到的知识。

资源与支持

本书由"数艺设"出品,"数艺设"社区平台（www.shuyishe.com）为您提供后续服务。

配套资源

所有实例的素材、效果及工程文件

在线教学视频

资源获取请扫码

（提示：微信扫描二维码关注公众号后，输入51页左下角的5位数字，获得资源获取帮助。）

"数艺设"社区平台，为艺术设计从业者提供专业的教育产品。

与我们联系

我们的联系邮箱是 szys@ptpress.com.cn。如果您对本书有任何疑问或建议，请您发邮件给我们，并请在邮件标题中注明本书书名及ISBN，以便我们更高效地做出反馈。

如果您有兴趣出版图书、录制教学课程，或者参与技术审校等工作，可以发邮件给我们。如果学校、培训机构或企业想批量购买本书或"数艺设"出版的其他图书，也可以发邮件联系我们。

关于"数艺设"

人民邮电出版社有限公司旗下品牌"数艺设"，专注于专业艺术设计类图书出版，为艺术设计从业者提供专业的图书、视频电子书、课程等教育产品。出版领域涉及平面、三维、影视、摄影与后期等数字艺术门类，字体设计、品牌设计、色彩设计等设计理论与应用门类,UI设计、电商设计、新媒体设计、游戏设计、交互设计、原型设计等互联网设计门类，环艺设计手绘、插画设计手绘、工业设计手绘等设计手绘门类。更多服务请访问"数艺设"社区平台www.shuyishe.com。我们将提供及时、准确、专业的学习服务。

目录

第8章 天体动画效果...215

第9章 自然元素动画效果 253

第10章 流体动画效果 275

第 1 章 After Effects基础

■ **学习目的**

在学习本书前，读者应对 After Effects 有基本的了解，至少应熟悉软件界面。为了帮助读者更好地学习后面的知识，本章对 After Effects 进行简单的介绍。

■ **主要内容**

· 导入和管理素材 · 新建合成及设置

· 时间轴面板与显示窗口 · 重组、嵌套与输出

1.1 After Effects合成基础

合成相当于一个集合，也相当于一个组，一个项目中会存在一个或多个合成。合成中包含的元素主要分为图像文件、音频文件、视频文件、蒙版路径、形状层、文字层、纯色层（在早期版本的After Effects中称为固态层）和预合成。

1.1.1 图像文件

After Effects支持的图像文件格式有JPEG、BMP、GIF、PNG、PSD、AI、FLM、TGA、TIFF、WMF、DXF、EPS等。

JPEG格式： 采用静止图像压缩编码技术的图像文件格式，目前网络上应用得比较多，支持不同程度的压缩。

BMP格式： 早期Windows操作系统使用的图像文件格式，现在已被多种图像处理软件支持和使用；这是一种位图格式，分为单色、16色、256色和24位真彩色等。

GIF格式： 存储8位图像的文件格式，支持透明背景，采用无损压缩技术，多用于网页制作和网络传输。

PNG格式： 可移植网络图像格式，可用于无损压缩和显示图像，支持24位图像，拥有透明背景且没有锯齿边缘，支持带Alpha通道的RGB灰度模式和不带通道的位图、索引颜色模式。

PSD格式： Photoshop的图像文件格式，可以保存制作过程中的图层信息。

AI格式： Illustrator的图像文件格式，是一种矢量图像文件格式，经过任意缩放也不会损失图像的质量。

FLM格式： Premiere的一种图像文件格式，Premiere将视频片段输出成序列帧图像，每帧的左下角为时间码，以SMPTE时间编码为标准，右下角为帧编号。

TGA格式： 存储彩色图像的文件格式。

TIFF格式： 为扫描仪和计算机出版软件开发的图像文件格式，定义了黑白图像、灰度图像和彩色图像的存储格式，其扩展性良好，与操作系统和软件无关。

WMF格式： Windows操作系统支持的图元文件格式，属于矢量图像文件格式。

DXF格式： AutoCAD的图像文件格式，属于矢量图像文件格式。

EPS格式： 几乎支持所有的图像和页面排版程序，主要应用于程序间的文件传输。

1.1.2 音频文件

After Effects支持的音频文件格式有MID、WAV、Real Audio、AIF、MP1/MP2/MP3等。

MID格式： 数字合成音频文件格式，使用该格式的音频文件小，易编辑，每分钟大约有5~10KB大小。

WAV格式： 高音质的音频文件格式，音频每分钟需要10MB的存储空间，用于将音频文件记录为波形文件。

Real Audio格式： 该格式的音频文件压缩比大、音质高，便于网络传输。

AIF格式： 该格式的音频文件只能用Quick Time打开。

MP1/MP2/MP3格式： MPEG压缩标准中的声音部分，即MPEG的音质层；根据压缩质量和编码复杂程度的不同，可以分为MP1、MP2、MP3 3层，其中MP1、MP2的压缩比为4：1和6：1，MP3的压缩比高达10：1，使用MP3格式压缩后的音频文件的效果比较接近原声效果。

1.1.3 视频文件

After Effects支持的视频格式有AVI、MPG、MOV、RM、ASF和FLC等。

AVI格式： 由Microsoft公司制定的"PC标准"视频格式。

MPG格式： 运动图像压缩算法的国际标准，几乎所有的计算机都支持它。

MOV格式： Macintosh计算机上的标准视频文件格式，可以用Quick Time打开该格式的视频文件。

RM格式： 该格式的视频文件可以边下载边播放，实时性较强，该格式在网络上应用广泛。

ASF格式： 由Microsoft公司制定的可以在网络上实时播放的多媒体影像技术标准格式。

FLC格式： Autodesk公司的视频文件格式，支持8位视频文件，每帧都是一个GIF图像。

1.2 After Effects功能简介

本节主要介绍After Effects的层、通道、轨道遮罩和遮罩等内容，这些内容与后面的特效合成密切相关，请读者注意掌握。

1.2.1 层的基本属性

After Effects的每个层都有5个基本属性，分别是"锚点"（轴心）、"位置"、"缩放"、"旋转"和"不透明度"，如图1-1所示。

图1-1

锚点（轴心）： 快捷键为A，控制需要旋转的图像的锚点位置；默认情况下，选中层并按A键可以调出"锚点"属性；第1个数值是图像的锚点的x轴坐标，第2个数值是图像的锚点的y轴坐标；旋转图像是以锚点为中心进行的。

位置： 快捷键为P，默认情况下选中层并按P键可以调出"位置"属性；第1个数值是图像的x轴坐标，第2个数值是图像的y轴坐标；通过改变数值，可调整图像在合成中的位置。

缩放： 快捷键为S，调整数值可对图像进行放大或缩小。

旋转： 快捷键为R，调整数值可对图像进行一定角度的转动。

不透明度： 快捷键为T，调整数值可改变图像的透明度。

1.2.2 层的混合模式

After Effects中的混合模式都是定义到相应的层上的，并不能定义到置入的素材上。也就是说，必须将一个素材置入合成的"时间轴"面板中后，才能定义它的混合模式。

当要定义一个层的混合模式时，可以在"时间轴"面板中展开"混合模式"下拉列表，选择其中的混合模式，如图1-2所示。合成效果通常是通过修改效果层的混合模式来实现的。

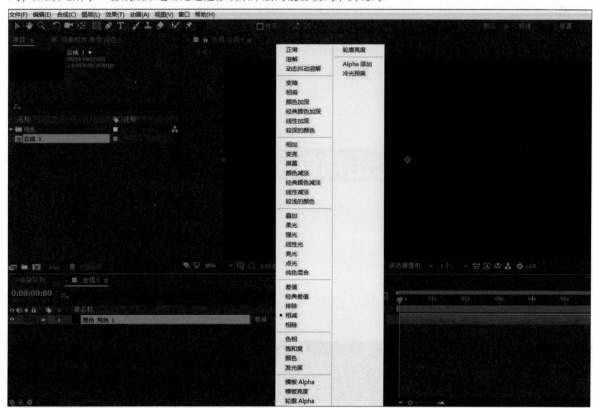

图1-2

After Effects的层的混合模式可以分为以下8组。

1.正常组

正常： 当"不透明度"为100%时，此混合模式将根据Alpha通道正常显示当前层，并且当前层的显示不受其他层的影响；当"不透明度"小于100%时，当前层的每个像素的颜色都将受到其他层的影响，根据当前的"不透明度"和其他层的颜色来确定当前层显示的颜色。

溶解： 该混合模式将控制层与层之间的融合区域，对于有羽化边界的层可以起到较大的影响；如果当前层没有遮罩羽化边界或该层完全不透明，则该混合模式几乎不起作用；该混合模式的最终效果受当前层的Alpha通道的羽化程度和"不透明度"的影响。

动态抖动溶解： 效果等同于"溶解"，它还为融合区域添加了随机动画。

2.变暗组

变暗： 以当前层的颜色为准，比当前层的颜色亮的像素颜色被替换，比当前层的颜色暗的像素颜色不改变。

相乘： 底色与当前层的颜色相乘，形成一种幻灯片效果；与黑色相乘的像素颜色为黑色，与白色相乘的像素颜色保持不变。

颜色加深： 底色的明暗直接影响上层像素的颜色，底色越亮，像素颜色变化越大。

经典颜色加深： 增加对比度使底色变暗，以反映混合色。

线性加深： 查看每个通道中的颜色信息，并减小亮度使底色变暗或变亮，以反映混合色，与黑色混合的像素颜色不变化。

较深的颜色： 即深色模式，它比较两个层的复合通道的值（RGB）并显示值小的颜色，不会产生新的颜色。

3.变亮组

相加： 将底色与层的颜色相加，得到更明亮的颜色；如果底色为纯黑色或纯白色，则像素颜色不发生变化。

变亮： 以当前层的颜色为准，比当前层的颜色暗的颜色被替换，比当前层的颜色亮的颜色不改变。

屏幕： 让当前层的颜色的互补色与底色相乘，结果较亮；与白色相加的颜色为白色，与黑色相加的颜色保持不变；其效果与"相乘"相反。

颜色减淡： 底色越亮，当前层的颜色越明显，如果底色为黑色，则像素颜色不发生变化。

经典颜色减淡： 相比"颜色减淡"模式，在画面变亮的同时能保留更多的暗部细节。

线性减淡： 通过增加亮度使基色变亮，以反映混合色。与黑色混合不发生任何变化。

较浅的颜色： 即浅色模式，与深色模式不同的是，它比较两个层的复合通道的值（RGB）并显示值大的颜色，不会产生新的颜色。

4.叠加组

叠加： 将底色与当前层的颜色相乘或覆盖，可使当前层变亮或变暗，对中间色调的影响较明显，对高亮和暗部区域的影响不大。

柔光： 产生柔和光效果，使亮的颜色更亮，暗的颜色更暗。

强光： 产生强光效果，使亮的颜色更亮，暗的颜色更暗。

线性光： 可以理解为"线性加深+线性减淡"的组合，效果强烈。

亮光： 根据底色的加深或减淡增加或减少当前层的颜色的对比度。

点光： 可以理解为"变暗+变亮"的组合。

纯色混合： 即实色混合模式，该模式导致最终结果仅包含6种基本颜色和黑色、白色，每个通道的像素色阶都是0或255。

5.差值组

差值： 从底色中减去当前层的颜色或从当前层的颜色中减去底色，具体怎么减取决于哪个颜色的亮度较大。

经典差值： 暗部区域的表现要优于"差值"模式暗部区域的表现。

排除： 与"差值"模式相似，但画面对比度更低。

相减： 下方层各通道的值减去上方层对应通道的值，若减法运算结果为负数，则剪切结果无变化。

相除： 即划分模式。

6.色彩组

色相： 用底色的亮度、饱和度及当前层的色相创建新的颜色。

饱和度： 用底色的亮度、色相及当前层的饱和度创建新的颜色，如果底色为灰色则不发生变化。

颜色： 用底色的亮度、色相和饱和度创建新的颜色。

发光度： 用底色的色相和饱和度，以及当前层的亮度创建新的颜色。

7.遮罩组

模板Alpha: 将上方层的 Alpha通道作为下方所有层的遮罩。

模板亮度: 将上方层的亮度通道作为下方所有层的遮罩。

轮廓Alpha: 将上方层的Alpha通道反相后作为下方所有层的遮罩。

轮廓亮度: 将上方层的亮度通道反相后作为下方所有层的遮罩。

8.修边组

Alpha添加: 用底层和上层的Alpha通道共同建立一个透明区域,当层对齐或上下层的Alpha通道相互反转时,层之间可能会产生接缝;用于删除可见边缘,从而实现无缝合成。

冷光预乘: 当素材使用预乘Alpha通道时,混合之后将超过Alpha通道的颜色值添加到最后的效果中,防止修剪这些颜色值;在应用此模式时,应该将预乘Alpha通道的素材解释为直接Alpha通道。

1.2.3 通道

通道是用来储存颜色信息的渠道。RGB是颜色信息,代表红色(Red)、绿色(Green)、蓝色(Blue)3种颜色信息;Alpha是透明信息,用于导出带透明通道的影视素材,如图1-3所示。

图1-3

1.2.4 轨道遮罩

轨道遮罩通常是指下层对上层起作用的遮罩,分为"Alpha遮罩""Alpha反转遮罩""亮度遮罩""亮度反转遮罩"4种。

1.2.5 遮罩

遮罩通常是指上层对下层起作用的遮盖,可以遮挡下层中的部分图像内容,并显示特定区域的图像内容。遮罩通常是作为一个单独的层存在的。

1.3 After Effects的界面与操作

　　使用After Effects制作特效的流程，总结起来就是：在"项目"面板中使用素材，在"合成"面板中处理效果，在"时间轴"面板中设置关键帧动画，在"效果控件"面板中设置效果参数。After Effects的界面如图1-4所示。

图1-4

1.3.1 导入和管理素材

　　双击"项目"面板的空白处或按快捷键Ctrl+I打开"导入文件"对话框，导入文件，导入的文件会作为素材存放在"项目"面板中，如图1-5所示。

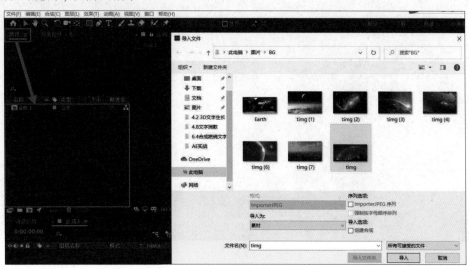

图1-5

1.3.2 时间轴面板与显示窗口

导入的素材需要拖曳到"时间轴"面板中才能进行预览。"时间轴"面板左边显示素材名称，右边显示创建合成的时间长度，如图1-6所示。

图1-6

1.3.3 新建合成及设置

打开After Effects，新建合成，设置"合成名称""宽度""高度"来调整合成大小，时间码的格式为"时:分:秒:帧"，如图1-7所示。秒和帧的换算由帧速率决定，例如，帧速率为25帧/秒，表示1秒有25帧，1帧为1个画面，则1秒有25个画面。"持续时间"用于设置合成的时长，"背景颜色"默认为黑色。如果要修改已创建的合成，则执行"合成>合成设置"菜单命令（快捷键为Ctrl+K），在"合成设置"对话框中修改即可。

图1-7

1.3.4 重组、嵌套与输出

下面介绍重组、嵌套与输出的方法。

1.重组

当合成中的素材较多且需要添加不同的效果时，建议先对素材进行重组（预合成）。选择素材，单击鼠标右键，执行"预合成"菜单命令（快捷键为Ctrl+Shift+C），打开"预合成"对话框，如图1-8所示。

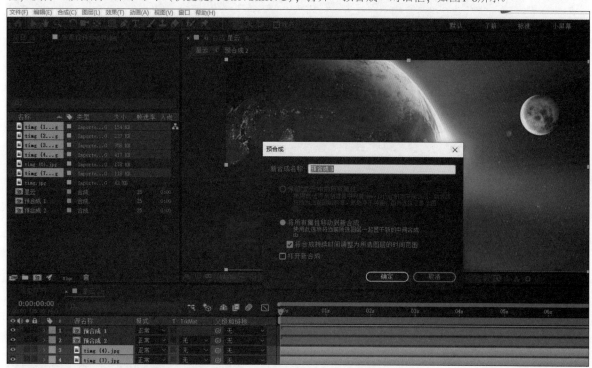

图1-8

2.嵌套

双击可以进入一个合成，如果这个合成中有一个或多个合成，则这个合成为嵌套合成，如图1-9所示。

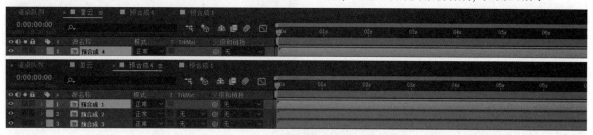

图1-9

3.输出

一个项目制作完成后是需要输出的。将时间线放在0秒处，执行"文件>导出>添加到渲染队列"菜单命令（快捷键为Ctrl+M），设置"输出模块"为"无损"，单击"无损"，在弹出的"输出模块设置"对话框中根据需求设置"格式"和"通道"，如图1-10所示。

图1-10

　　"格式"和"通道"设置完成后单击"确定"按钮。单击"输出到"右侧的"预合成4.avi"，在弹出的"将影片输出到："对话框中设置存储位置（导出路径），并修改"文件名"为"星云"，如图1-11所示，然后单击"保存"按钮。

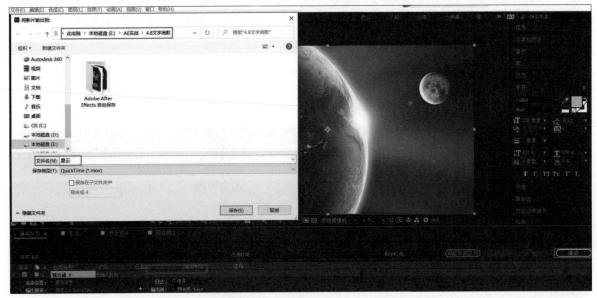

图1-11

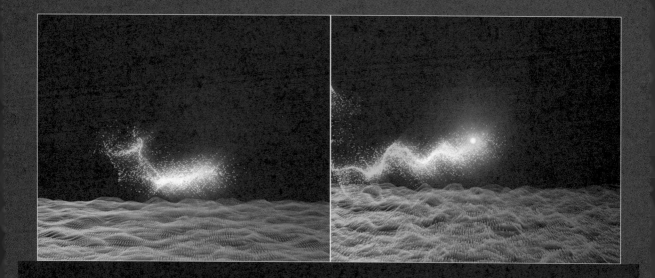

第2章 音频动画效果

■ 学习目的

　　本章主要介绍音频动画效果的制作方法，制作过程中使用的主要素材是音频，根据音频制作一系列动态效果。本章一共安排了 8 类音频动画效果供读者学习和操作，读者应掌握它们的制作原理，并能够根据需求将它们应用到不同的场合。

■ 主要内容

· 音频频谱　　　　　　　· 音频驱动

· 音乐粒子　　　　　　　· 音乐小方块

2.1 音频频谱

实例位置	实例文件 > CH02 > 音频频谱
教学视频	音频频谱.mp4
学习目标	掌握表达式的使用方法

新建合成

01 新建合成，导入音频素材，按快捷键Ctrl+Y新建纯色层，并将其命名为"频谱图层"。选中"频谱图层"，为其添加"音频频谱"效果，设置"音频层"为音频素材。使用"椭圆工具" ⬭，按住Ctrl+Shift+Alt键在合成中心拖曳，绘制一个圆形，设置"蒙版1"的混合模式为"无"，"音频频谱"的"路径"为"蒙版1"，如图2-1所示。

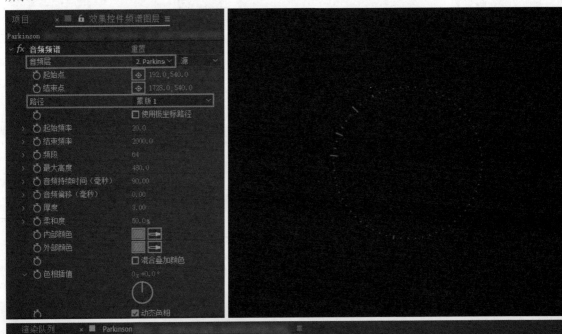

图2-1

02 设置"音频频谱"下的"频段"为120、"最大高度"为1500、"厚度"为8、"柔和度"为0%、"色相插值"为1x+0°（彩色渐变），关闭音频素材的声音（便于渲染查看效果），设置"面选项"为"B面"（朝圆形外），如图2-2所示。

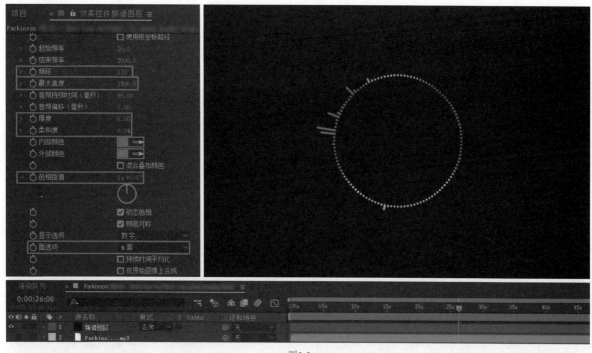

图2-2

复制层并修改层效果

01 选择"频谱图层",按快捷键Ctrl+D复制该层。选择上层"频谱图层",设置"音频频谱"下的"最大高度"为1800、"厚度"为10、"显示选项"为"模拟频点",按S键调出"缩放"属性,设置"缩放"为(95%,95%),如图2-3所示。

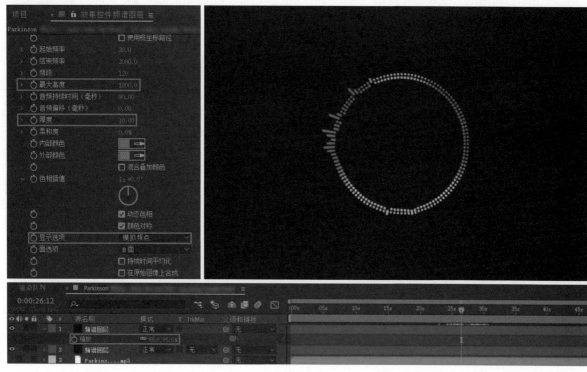

图2-3

02 选择上层"频谱图层",按快捷键Ctrl+D复制该层。选择顶层"频谱图层",设置"音频频谱"下的"最大高度"为2000、"厚度"为6、"显示选项"为"模拟谱线"、"面选项"为"A和B面",按S键调出"缩放"属性,设置"缩放"为(90%,90%),如图2-4所示。

图2-4

旋转属性表达式控制

选中3层"频谱图层",按R键调出"旋转"属性。按住Alt键单击顶层"频谱图层"下"旋转"左侧的码表 ,激活表达式,输入time*10;按住Alt键单击中层"频谱图层"下"旋转"左侧的码表 ,激活表达式,输入time*5;按住Alt键单击底层"频谱图层"下"旋转"左侧的码表 ,激活表达式,输入time*10,如图2-5所示。

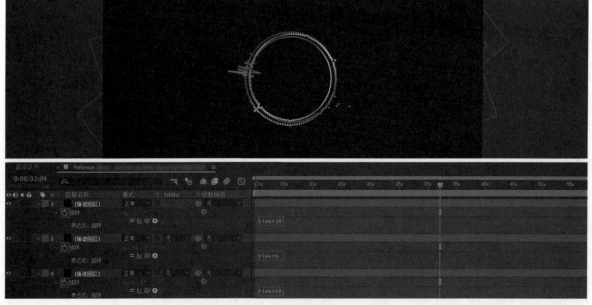

图2-5

预览、输出

按快捷键Ctrl+K调出"合成设置"对话框,设置"合成名称"为"音频频谱"。将时间线放在0秒处,按Space键预览效果。将时间线放在0秒处,按快捷键Ctrl+M跳转到"渲染队列"面板,设置"输出模块"为"自定义:QuickTime"、"输出到"为"音频频谱.mov",然后单击"音频频谱.mov",在弹出的"将影片输出到:"对话框中依次设置导出路径和文件名,保存后单击面板右上角的"渲染"按钮 渲染 ,如图2-6所示。可以将输出的视频导入其他视频剪辑软件中添加音乐素材,因为在After Effects中渲染声音会花很长时间。

图2-6

2.2 音频驱动

实例位置	实例文件 > CH02 > 音频驱动
教学视频	音频驱动.mp4
学习目标	掌握辅助粒子颜色的设置方法

新建合成

新建合成,选择音频素材并导入,关闭声音。按快捷键Ctrl+Y新建纯色层,并将其命名为"音乐频谱"。选择"音乐频谱"层,使用"椭圆工具" ◯ 按住Ctrl+Shift+Alt键在合成中心拖曳,绘制一个圆形,设置"蒙版扩展"为1000像素。为其添加"音频频谱"效果,设置"音频层"为音频素材、"路径"为"蒙版1"、"起始频率"为50、"结束频率"为800、"频段"为168、"最大高度"为3000、"色相插值"为1x+150°、"面选项"为"B面",如图2-7所示。

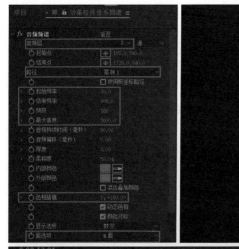
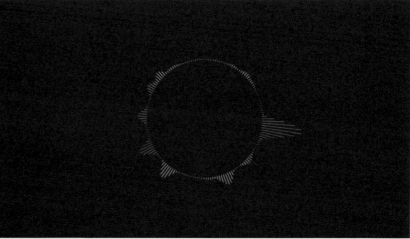

图2-7

添加发光效果

为合成添加"发光"效果，设置"发光半径"为125，如图2-8所示。

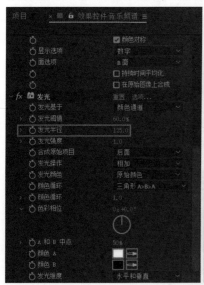
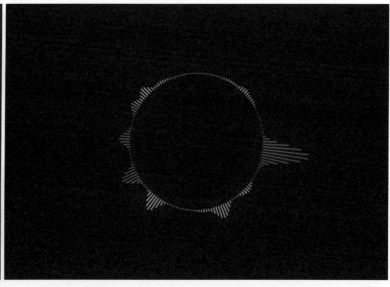

图2-8

复制层并修改层效果

选择"音乐频谱"层，按快捷键Ctrl+D复制该层。设置上层"音乐频谱"层的"频段"为100，勾选"持续时间平均化"。选择音频素材并单击鼠标右键，执行"关键帧辅助"命令，将音频转换为关键帧。选择"音频振幅"层，按U键调出所有关键帧属性，删除"左声道"和"右声道"。具体参数设置如图2-9所示。

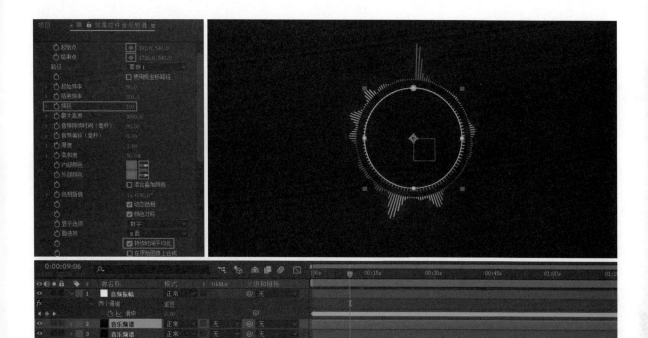

图2-9

添加Particular插件

按快捷键Ctrl+Y新建纯色层，并将其命名为"粒子"。选择"粒子"层，为其添加RG Trapcode-Particular（红巨人粒子插件Particular）效果，设置Emitter（发射器）下的Particles/sec（每秒粒子数）为130，按住Alt键单击Velocity（速率）左侧的码表，激活表达式，输入"amp ="Velocity（速率）父级和链接下的螺旋连到音频频谱-两个通道-滑块，按Enter键输入if(amp>40){，按Enter键输入1500;，按Enter键输入 }else{，按Enter键输入500;，按Enter键输入 }。具体参数设置如图2-10所示。

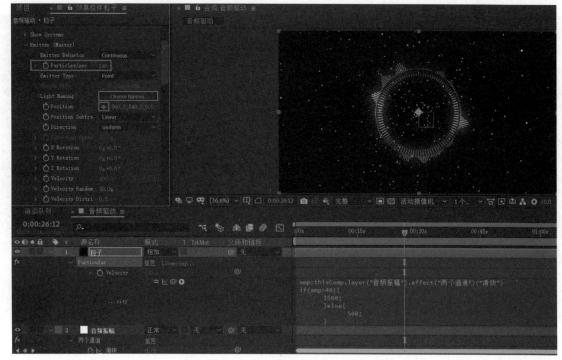

图2-10

使用辅助系统

在Aux System(Master)(主辅助系统)下设置Emit(发射)为Continuously(连续的)、Particles/sec(每秒粒子数)为200、Life[sec](生命/秒)为0.5、Size(大小)为3，将上层"音乐频谱"的混合模式设置为"相加"，如图2-11所示。

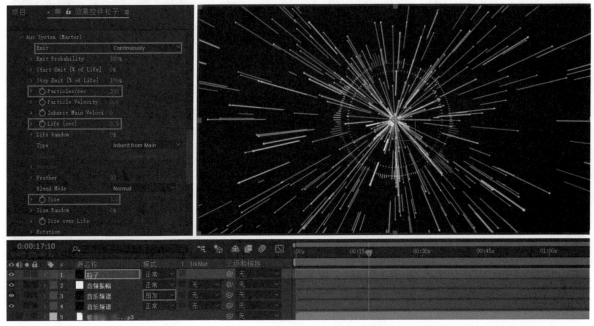

图2-11

设置辅助粒子颜色

在Opacity over Life(不透明度生命周期)下单击"画笔" ，调整曲线，让粒子随生命周期的增长而逐渐透明，设置Set Color(设置颜色)为Over Life(生命周期)、Color Random(颜色随机值)为50%、"粒子"层的混合模式为"相加"，如图2-12所示。

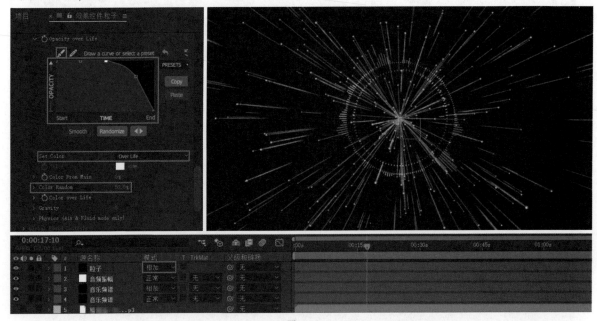

图2-12

添加色相/饱和度效果

按快捷键Ctrl+Alt+Y新建"调整图层1",添加"色相/饱和度"效果,设置"主色相"为0x+70°。选择下层"音乐频谱"层,并按M键调出"蒙版路径",按快捷键Ctrl+C复制蒙版;选择"调整图层1"层并按快捷键Ctrl+V粘贴蒙版,设置"蒙版1"的混合模式为"相减",如图2-13所示。

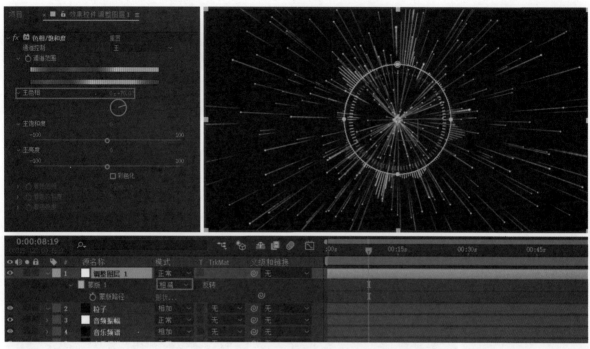

图2-13

预览、输出

按快捷键Ctrl+K调出"合成设置"对话框,设置"合成名称"为"音频驱动"。将时间线放在0秒处并按Space键预览效果。将时间线放在0秒处,按快捷键Ctrl+M跳转到"渲染队列"面板,设置"输出模块"为"自定义:QuickTime"、"输出到"为"音频驱动.mov",单击"音频驱动.mov",在弹出的"将影片输出到:"对话框中设置导出路径和文件名,保存后单击面板右上角的"渲染"按钮,如图2-14所示。

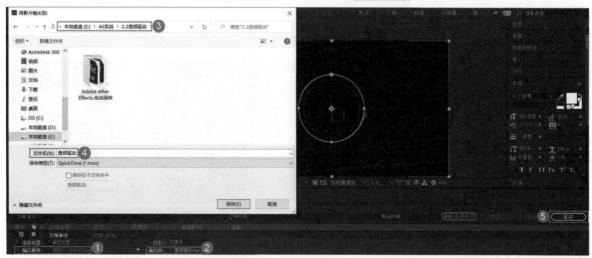

图2-14

2.3 音乐粒子（使用Trapcode Form插件）

实例位置	实例文件＞CH02＞音乐粒子（使用Trapcode Form插件）
教学视频	音乐粒子（使用Trapcode Form插件）.mp4
学习目标	掌握分形场和球形场的设置方法

新建合成

　　新建合成，选择音频素材并导入，关闭声音。按快捷键Ctrl+Y新建纯色层，并将其命名为Form。为其添加RG Trapcode-Form(红巨人形态粒子插件Form) 效果，设置Base Form(基本形态) 为Sphere-Layered(球形层)、Size X(x轴上的大小) 为600、Size Y(y轴上的大小) 为600、Size Z(z轴上的大小) 为0、Particles in X(x轴上的粒子) 为100、Particles in Y(y轴上的粒子) 为100、Sphere Layers(球形层) 为1，在Audio React(Master)(主音频驱动设置) 中设置Audio Layer(音频层) 为音频素材，如图2-15所示。

 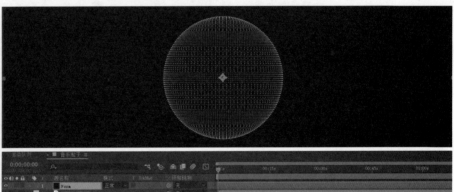

图2-15

设置粒子属性

　　在Particle(Master)(主粒子) 下设置Size(大小) 为3、Opacity(不透明度) 为50，然后根据需要修改Color(颜色)，这里设置为蓝色，如图2-16所示。

 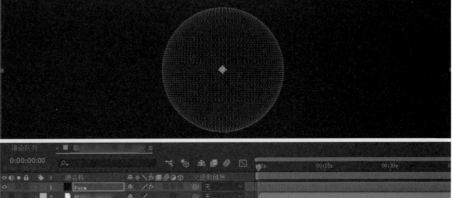

图2-16

设置分形场

设置Fractal Field(Master)(主分形场) 下的Affect Size(影响大小) 为8、Flow Y(y轴上的流动) 为-80, 如图2-17所示。

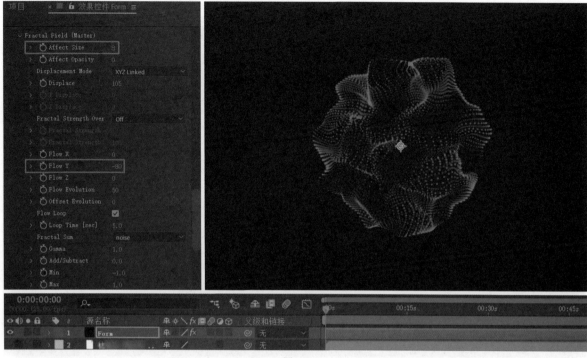

图2-17

设置球形场

设置Spherical Field(Master)(主球形场) 下的Strength(强度) 为100、Radius(半径) 为200, 设置Rendering(渲染) 下的Motion Blur(运动模糊) 为On(开), 如图2-18所示。

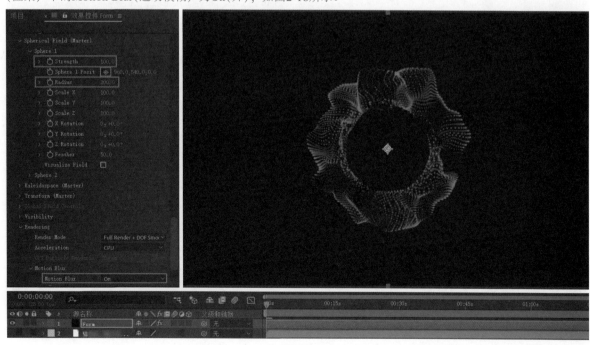

图2-18

添加发光和四色渐变效果

按快捷键Ctrl+Alt+Y新建"调整图层1"，为其添加"发光"效果，设置"发光阈值"为75%、"发光半径"为100，根据颜色需要添加"四色渐变"效果（可修改颜色），如图2-19所示。

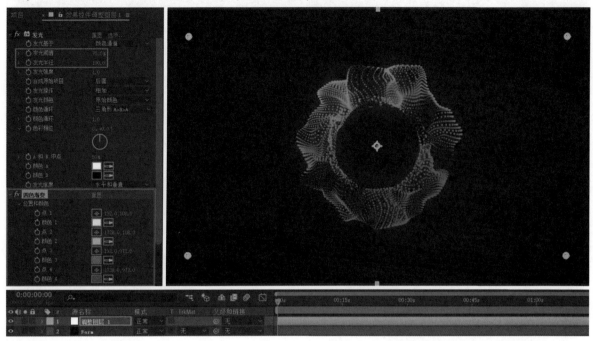

图2-19

预览、输出

按快捷键Ctrl+K调出"合成设置"对话框，设置"合成名称"为"音乐粒子"。将时间线放在0秒处并按Space键预览效果。将时间线放在0秒处，按快捷键Ctrl+M跳转到"渲染队列"面板，设置"输出模块"为"自定义:QuickTime"、"输出到"为"音乐粒子.mov"，单击"音乐粒子.mov"，在弹出的"将影片输出到:"对话框中设置导出路径和文件名，保存后单击面板右上角的"渲染"按钮，如图2-20所示。

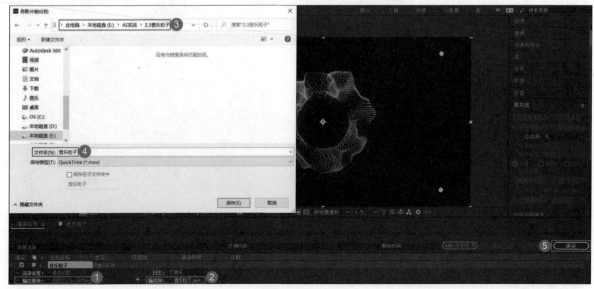

图2-20

2.4 音乐小方块（使用Plexus插件）

实例位置	实例文件＞CH02＞音乐小方块（使用Plexus插件）
教学视频	音乐小方块（使用Plexus插件）.mp4
学习目标	掌握添加"发光"效果的方法

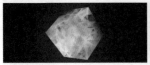

新建合成

新建合成，选择音频素材并导入，关闭声音。快捷键Ctrl+Y新建纯色层，并将其命名为"音乐"。选中"音乐"层，为其添加RG Trapcode-Sound Keys(红巨人音频插件Sound Keys）效果，在Audio Layer(音频层）中选择音频素材，单击Apply(应用）按钮，如图2-21所示。

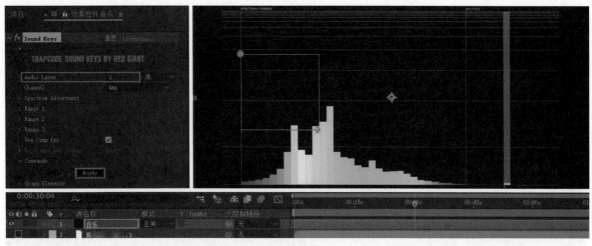

图2-21

添加Plexus插件

按快捷键Ctrl+Y新建纯色层，并将其命名为Plexus，为其添加Plexus Primitives Object效果。设置Add Geometry(添加几何体）为Primitives(原始），设置Plexus Primitives Object的Primitive Type(原始类型）为Cube（立方体）、X Points(x轴点）为5、Y Points(y轴点）为5、Z Points(z轴点）为5，根据需要修改Color(颜色），隐藏"音乐"层，如图2-22所示。

图2-22

添加Lines渲染器

设置Add Renderer(添加渲染器) 为Lines(线),设置Plexus Lines Renderer的Maximum Distance(最大距离) 为300,如图2-23所示。

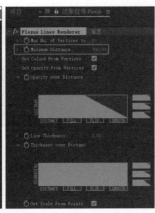
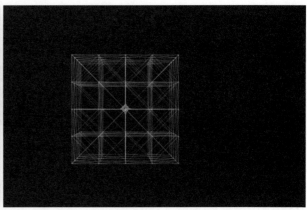

图2-23

添加Triangulation渲染器

设置Add Renderer(添加渲染器) 为Triangulation(三角测量),设置Plexus Triangulation Renderer的Maximum Distance(最大距离) 为200,如图2-24所示。

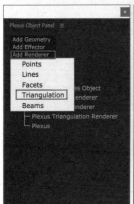
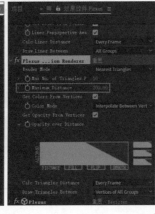
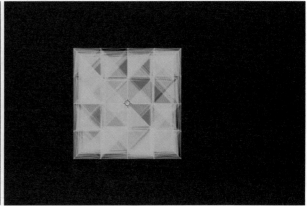

图2-24

添加Transform效果器

设置Add Effector(添加效果器) 为Transform(变换)。在Plexus Transform下按住Alt键单击Y Rotate(y轴旋转) 左侧的码表,激活表达式,输入time*60;按住Alt键单击Z Rotate(z轴旋转) 左侧的码表,激活表达式,输入time*60。选择"音乐"层并按U键调出关键帧的属性,按住Alt键单击Z Translate(z轴变换) 左侧的码表,激活表达式,让Z Translate关联"音乐-Sound Keys-Output 1",在表达式后面输入*30。具体参数设置如图2-25所示。

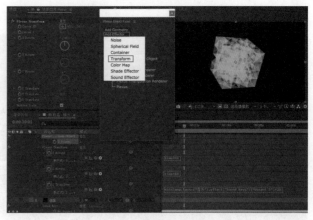

图2-25

添加Noise效果器

设置Add Effector(添加效果器)为Noise(噪波),设置Apply Noise To(Vertices)(噪波应用于顶部)为Color(颜色),按住Alt键单击Noise Amplitude(噪波振幅)左侧的码表[图],激活表达式,让Noise Amplitude关联"音乐-Sound Keys-Output 1",在表达式后面输入*30,如图2-26所示。

图2-26

添加发光效果

在Plexus层添加"发光"效果,设置"发光阈值"为60%、"发光半径"为800、"发光强度"为1.6,如图2-27所示。

图2-27

复制层并修改颜色

选择Plexus层并按快捷键Ctrl+D复制该层，在上层Plexus层的Plexus Primitives Object中修改Color(颜色)，这里修改为玫红色，设置层的混合模式为"屏幕"，如图2-28所示。

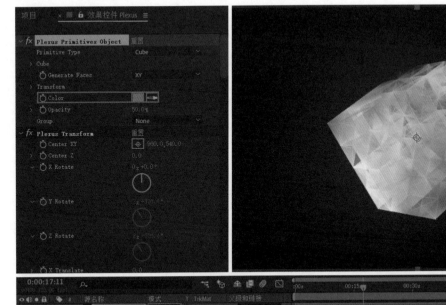

图2-28

预览、输出

按快捷键Ctrl+K调出"合成设置"对话框，设置"合成名称"为"音乐小方块"。将时间线放在0秒处并按Space键预览效果。将时间线放在0秒处，按快捷键Ctrl+M跳转到"渲染队列"面板，设置"输出模块"为"自定义:QuickTime"、"输出到"为"音乐小方块.mov"，单击"音乐小方块.mov"，在弹出的"将影片输出到:"对话框中设置导出路径和文件名，保存后单击面板右上角的"渲染"按钮，如图2-29所示。

图2-29

2.5 音频可视化动效1（使用Trapcode Particular插件）

实例位置	实例文件 > CH02 > 音频可视化动效1（使用Trapcode Particular插件）
教学视频	音频可视化动效1（使用Trapcode Particular插件）.mp4
学习目标	掌握添加"三色调"效果的方法

新建合成

新建合成，选择音频素材并导入。选择音频素材并单击鼠标右键，执行"关键帧辅助>将音频转化为关键帧"命令，关闭声音。按快捷键Ctrl+Y新建纯色层，并将其命名为"粒子"。选择"粒子"层并为其添加RG Trapcode-Particular(红巨人粒子插件Particular)效果。按快捷键Ctrl+Alt+Shift+Y创建空对象，按P键调出"位置"属性，在"粒子"层下的Particular(粒子)下按住Alt键并单击Position(位置)左侧的码表🕒，激活表达式，让Position关联"空1"层的"位置"属性，如图2-30所示。

图2-30

创建摄像机和空对象

按快捷键Ctrl+Alt+Shift+C创建摄像机，按快捷键Ctrl+Alt+Shift+Y创建空对象，让摄像机关联"空2"层，即将两个空对象作为三维开关（按F4键切换）。选择两个空对象并按P键调出"位置"属性，设置"空2"层的"位置"为（−420,0,0）。按住Alt键单击"空1"层的"位置"左侧的码表，激活表达式，输入x = time*100;，按Enter键输入y = 540;，按Enter键输入z = 0;，按Enter键输入[x,y,z];。设置"粒子"层的Emitter（发射器）的Velocity（速率）为0。具体的参数设置如图2-31所示。

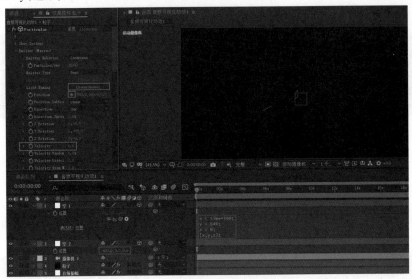

图2-31

表达式控制属性

01 按住Alt键单击Velocity（速率）左侧的"码表"，激活表达式。选择"音频振幅"层，按U键调出关键帧的属性，让Velocity关联"音频振幅-两个通道-滑块"，在表达式前面输入(，在表达式后面输入−20)*10。设置Particles/sec（每秒粒子数）为1500、Direction（方向）为Disc（圆形）、Direction Spread（方向扩散）为0%、Y Rotation（y轴旋转）为0x+90°、Velocity Random（速率随机值）为0%、Velocity Distribution（速率分布）为0、Velocity from Motion（继承运动速率）为0。具体的参数设置如图2-32所示。

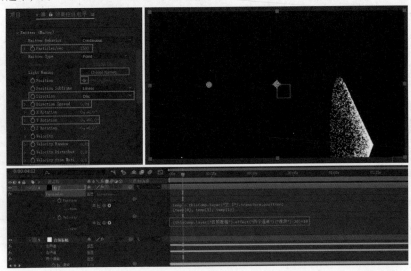

图2-32

02 设置Particle(Master)(主粒子) 下的Life[sec](生命/秒) 为10、Sphere Feather(球形羽化) 为0,选择"粒子"层并按E键调出表达式。在Velocity的表达式前面输入if(,在后面输入>=0),按Enter键输入 (thisComp.layer("音频振幅").effect("两个通道")("滑块") – 20)*10;,按Enter键输入else,按Enter键输入[0];。具体的参数设置如图2-33所示。

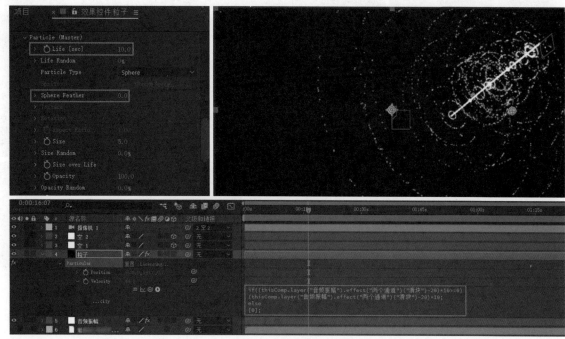

图2-33

03 设置Emitter(Master)(主发射器) 下的Particles/sec(每秒粒子数) 为15000,选择"空2"层并按R键调出旋转属性,设置"X轴旋转"为0x+53°、"Y轴旋转"为0x – 8°、"Z轴旋转"为0x – 18°,如图2-34所示。

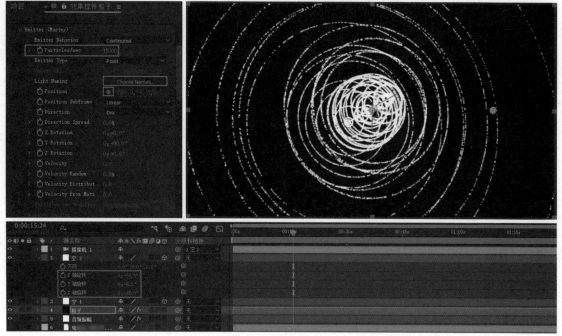

图2-34

04 设置Particle(Master)（主粒子）下的Size(大小) 为2.5，如图2-35所示。

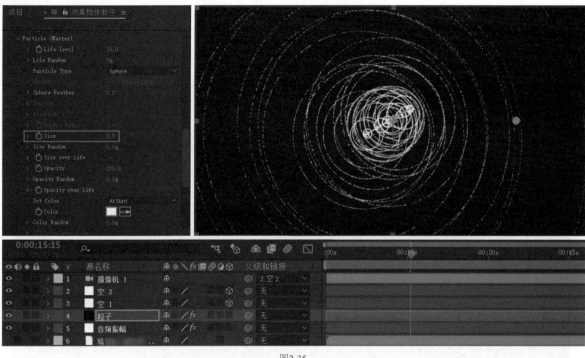

图2-35

添加三色调和发光效果

按快捷键Ctrl+Alt+Y新建"调整图层2"，并为其添加"三色调"效果，根据需要修改"高光""中间调""阴影"的颜色。添加"发光"效果，设置"发光阈值"为60%、"发光半径"为100、"发光强度"为0.8。具体的参数设置如图2-36所示。

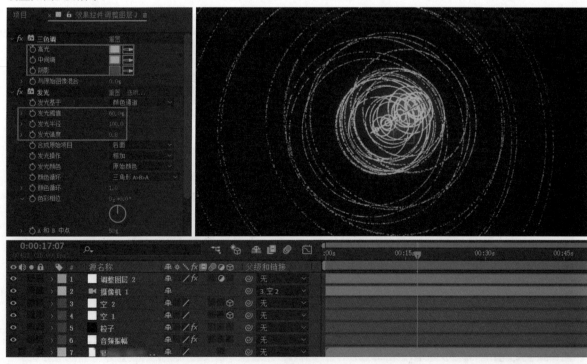

图2-36

预览、输出

　　按快捷键Ctrl+K调出"合成设置"对话框，设置"合成名称"为"音频可视化动效1"，设置"持续时间"为30秒。将时间线放在0秒处并按Space键预览效果。将时间线放在0秒处，按快捷键Ctrl+M跳转到"渲染队列"面板，设置"输出模块"为"自定义:QuickTime"、"输出到"为"音频可视化动效1.mov"，单击"音频可视化动效1"，在弹出的"将影片输出到:"对话框中设置导出路径和文件名，保存后单击面板右上角的"渲染"按钮，如图2-37所示。

图2-37

2.6 音频可视化动效2

实例位置	实例文件＞CH02＞音频可视化动效2
教学视频	音频可视化动效2.mp4
学习目标	掌握添加"音频频谱"效果的方法

新建合成

　　新建合成，选择音频素材并导入，关闭声音。选择音频素材并单击鼠标右键，执行"关键帧辅助>将音频转化为关键帧"命令。按快捷键Ctrl+Y新建纯色层，并将其命名为"图形"，选择"图形"层并为其添加"圆形"效果。设置"半径"为100、"边缘"为"厚度*半径"、"厚度"为15、"不透明度"为60%。添加"径向擦除"效果，设置"过渡完成"为65%，如图2-38所示。

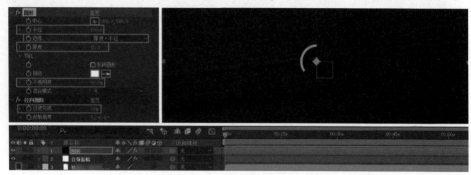

图2-38

复制层并修改效果

选择"图形"层，按快捷键Ctrl+D复制该层。选择上层"图形"层，设置"圆形"的"半径"为90、"厚度"为50、"不透明度"为50%。设置"径向擦除"的"过渡完成"为50%、"擦除"为"逆时针"，如图2-39所示。

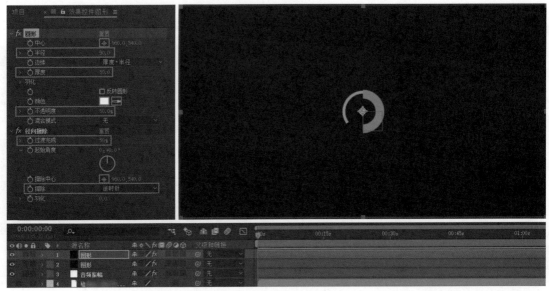

图2-39

旋转表达式

选择上层"图形"层并按快捷键Ctrl+D复制该层。选择顶层"图形"层，设置"圆形"的"半径"为130、"厚度"为5，设置"径向擦除"的"过渡完成"为27%。选择3个"图形"层并按R键调出"旋转"属性，按住Alt键单击"旋转"左侧的码表 ，激活表达式，分别输入time*10、time*20和time*10，如图2-40所示。

图2-40

添加音频频谱效果

选择3个"图形"层并按快捷键Ctrl+Shift+C进行预合成，将所有属性移动到新层中，并将其命名为"图形"。选择"图形"层，按S键调出"缩放"属性，设置"缩放"为（90%,90%）。按快捷键Ctrl+Y新建纯色层，并将其命名为"音频"。选择"音频"层，使用"椭圆工具" 在合成中心拖曳，按住Ctrl+Shift+Alt键绘制一个圆形。添加"音频频谱"效果，设置"音频层"为音频素材、"路径"为"蒙版1"、"频段"为60、"最大高度"为800、"厚度"为5，根据需要修改"内部颜色"和"外部颜色"，设置"色相插值"为0x+216°、"面选项"为"B面"。具体的参数设置如图2-41所示。

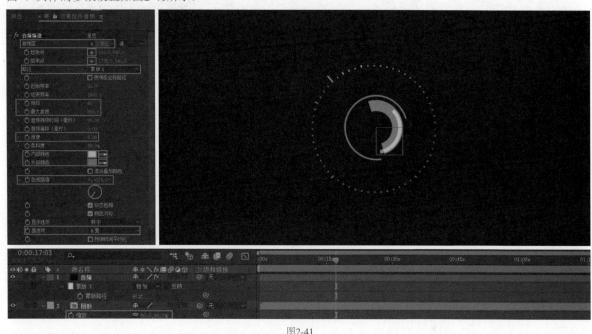

图2-41

复制音频层并修改效果

01 选择"音频"层并按快捷键Ctrl+D复制该层。将复制的层放在底层，设置"最大高度"为1200、"色相插值"为0x+280°、"显示选项"为"模拟谱线"、"面选项"为"A面"，如图2-42所示。

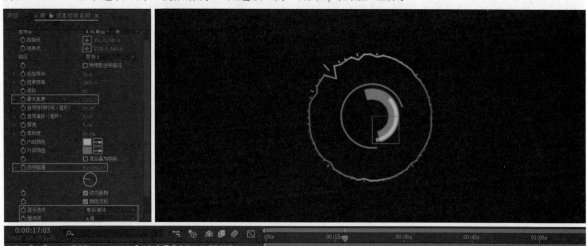

图2-42

49

02 选择上层"音频"层并按快捷键Ctrl+D复制该层。选择顶层"音频"层，按S键调出"缩放"属性，设置"缩放"为（80%,80%）、"频段"为50、"最大高度"为600、"厚度"为6、"显示选项"为"模拟频点"，如图2-43所示。

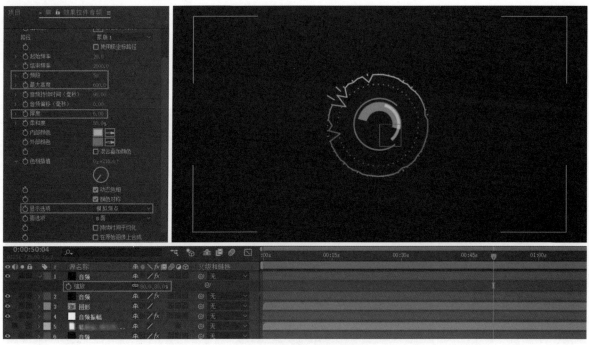

图2-43

添加残影效果

按快捷键Ctrl+Alt+Y新建"调整图层1"，并为其添加"残影"效果，设置"残影时间"为－0.025、"残影数量"为6、"衰减"为0.6，如图2-44所示。

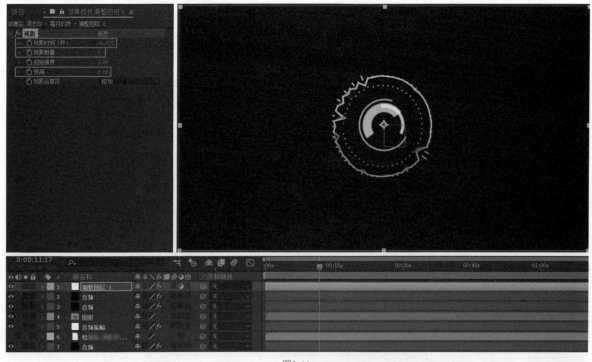

图2-44

添加圆形效果

选择"音频振幅"层并按U键调出关键帧的属性,按快捷键Ctrl+Y新建纯色层,并将其命名为"圆形"。为其添加"圆形"效果,设置"半径"为75、"边缘"为厚度,根据需要修改"颜色",继续设置"不透明度"为30%。按住Alt键单击"厚度"左侧的码表 ,激活表达式,让"圆形"的"厚度"关联"音频振幅-两个通道-滑块",如图2-45所示。

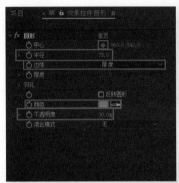

图2-45

添加发光效果

按快捷键Ctrl+Alt+Y新建"调整图层2",并为其添加"发光"效果,设置"发光阈值"为35%、"发光半径"为85、"发光强度"为0.3,如图2-46所示。

图2-46

预览、输出

按快捷键Ctrl+K调出"合成设置"对话框,设置"合成名称"为"音频可视化动效2"。将时间线放在0秒处并按Space键预览效果。将时间线放在0秒处,按快捷键Ctrl+M跳转到"渲染队列"面板,设置"输出模块"为"自定义:QuickTime"、"输出到"为"音频可视化动效2.mov",单击"音频可视化动效2.mov",在弹出的"将影片输出到:"对话框中设置导出路径和文件名,保存后单击面板右上角的"渲染"按钮 渲染 ,如图2-47所示。

图2-47

2.7 音频可视化动效3

实例位置	实例文件 > CH02 > 音频可视化动效3
教学视频	音频可视化动效3.mp4
学习目标	掌握遮罩的使用方法

新建合成

新建合成，选择音频素材并导入，关闭声音。按快捷键Ctrl+Y新建纯色层，并将其命名为"音频频谱"。选择"音频频谱"层，使用"椭圆工具"  在合成中心拖曳，按住Ctrl+Shift+Alt键绘制一个圆形。设置"蒙版1"的混合模式为"无"，设置"音频频谱"的"音频层"为音频素材、"路径"为"蒙版1"、"频段"为130、"厚度"为6、"柔和度"为0%，修改"内部颜色"和"外部颜色"，如图2-48所示。

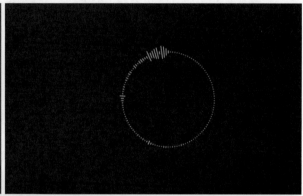

图2-48

复制层并修改效果

选择"音频频谱"层，按快捷键Ctrl+D复制该层。选择上层"音频频谱"层，设置"频段"为600，然后修改"内部颜色"和"外部颜色"，设置"显示选项"为"模拟频点"。按S键调出"缩放"属性，设置"缩放"为（130%,130%），如图2-49所示。

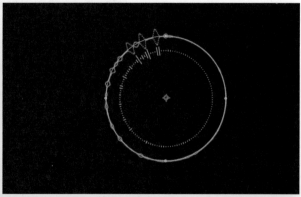

图2-49

添加CC Particle Systems II效果

按快捷键Ctrl+Y新建纯色层，并将其命名为"粒子"。添加CC Particle Systems II效果，设置Physics（物理）下的Animation（动画）为Twirly（急速旋转）、Gravity（重力）为0，设置Particle（粒子）下的Particle Type（粒子类型）为TriPolygon，修改Birth Color（出生颜色）和Death Color（死亡颜色），如图2-50所示。

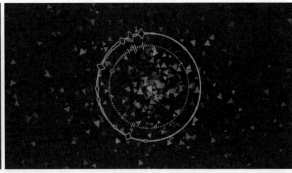

图2-50

设置Alpha反转遮罩

按快捷键Ctrl+Y新建纯色层，并将其命名为"圆"。选择"圆"层，使用"椭圆工具"■在合成中心拖曳，按住Ctrl+Shift+Alt键绘制一个圆形。按F键调出"蒙版羽化"属性，设置"蒙版羽化"为（80像素，80像素）。单击"粒子"层的蒙版轨道，单击鼠标右键，执行"Alpha反转遮罩'圆'"菜单命令，如图2-51所示。

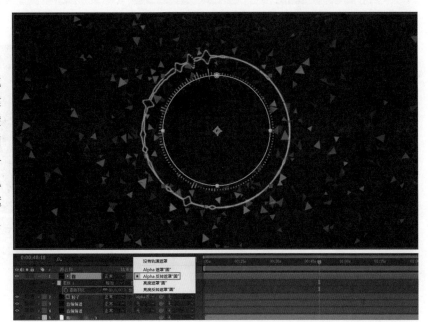

图2-51

预览、输出

按快捷键Ctrl+K调出"合成设置"对话框，设置"合成名称"为"音频可视化动效3"。将时间线放在0秒处并按Space键预览效果。将时间线放在0秒处，按快捷键Ctrl+M跳转到"渲染队列"面板，设置"输出模块"为"自定义：QuickTime"、"输出到"为"音频可视化动效3.mov"，单击"音频可视化动效3.mov"，在弹出的"将影片输出到："对话框中设置导出路径和文件名，保存后单击面板右上角的"渲染"按钮■渲染■，如图2-52所示。

图2-52

2.8 粒子随音乐跳动（使用Sound Keys、Particular、Form、Starglow插件）

实例位置	实例文件＞CH02＞粒子随音乐跳动（使用Sound Keys、Particular、Form、Starglow插件）
教学视频	粒子随音乐跳动（使用Sound Keys、Particular、Form、Starglow插件）.mp4
学习目标	掌握Sound Keys插件的使用方法

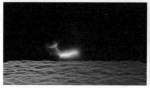

新建合成

新建合成，选择音频素材并导入，关闭声音。按快捷键Ctrl+Alt+Shift+L新建灯光，设置"灯光类型"为"点"，并将其命名为Emitter。选择Emitter层并按P键调出"位置"属性，设置"位置"为(960，540，0)。按快捷键Ctrl+Y新建纯色层，并将其命名为"粒子"，如图2-53所示。

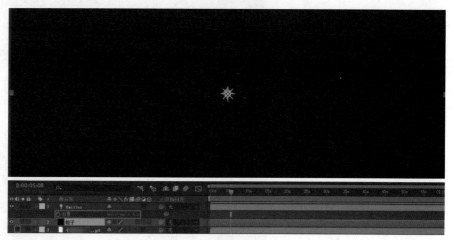

图2-53

添加Particular插件

选择"粒子"层，并为其添加RG Trapcode-Particular(红巨人粒子插件Particular) 效果。设置Emitter(Master)

(主发射器)下的Particles/sec(每秒粒子数) 为3000、Emitter Type(发射器类型) 为Light(s)(灯光)，在Light Naming(灯光名称)后选择Choose Names，设置Velocity(速率) 为0，设置Light Emitter Name Starts With(灯光发射器名称) 为Emitter，如图2-54所示。

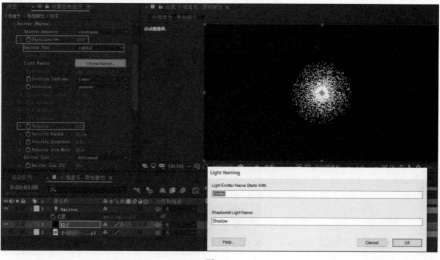

图2-54

添加Sound Keys插件

按快捷键Ctrl+Y新建纯色层，并将其命名为"音频"，为其添加RG Trapcode-Sound Keys(红巨人音频插件Sound Keys) 效果，设置Audio Layer(音频层) 为音频素材，单击Apply(应用) 按钮，如图2-55所示。

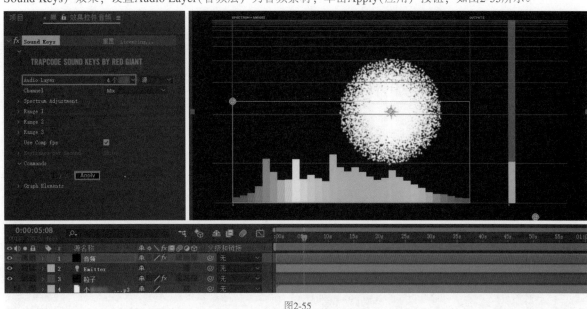

图2-55

表达式控制

选择"音频"层，按U键调出关键帧的属性。按住Alt键单击Emitter中"位置"左侧的码表⏱，激活表达式，输入value－[0,关联音频-Sound Keys-Output1]*10，设置Physics(Master)(主物理) 中Air(空气) 下的Wind X(x轴风力) 为－600，如图2-56所示。

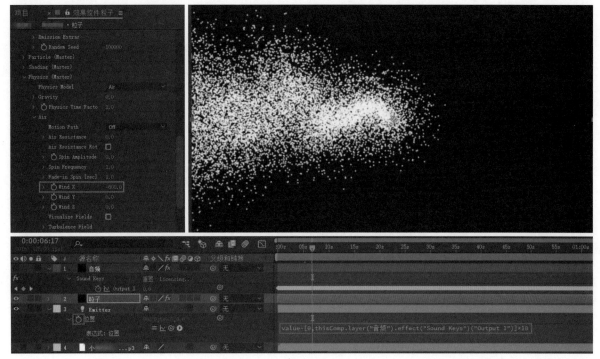

图2-56

设置发射器大小

设置"粒子"中Emitter(发射器)下的Emitter Size X(x轴发射器大小)为300、Emitter Size Y(y轴发射器大小)为150、Emitter Size Z(z轴发射器大小)为0,设置Particle(Master)(主粒子)下的Size(大小)为1.6,如图2-57所示。

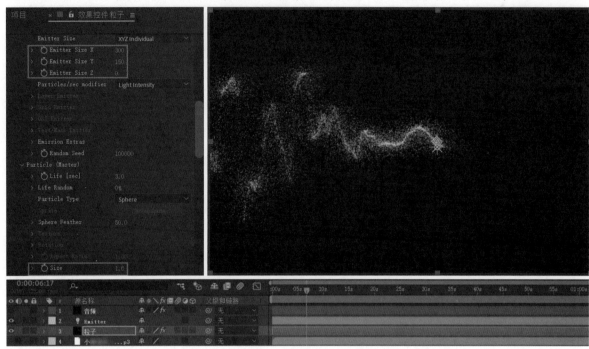

图2-57

修改粒子颜色

设置Particle(Master)(主粒子)下的Set Color(设置颜色)为Over Life(生命周期),在Color over Life(颜色生命周期)下选择一种PRESETS(预设),可以根据情况修改预设的颜色,如图2-58所示。

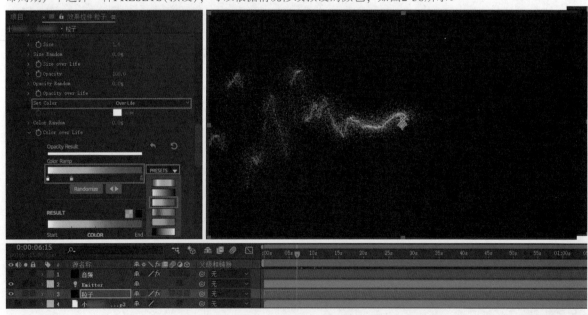

图2-58

修改物理属性

设置Physics(Master)(主物理) 下Air(空气) 下的Turbulence Field(扰乱场) 下的Affect Position(影响位置)为180，如图2-59所示。

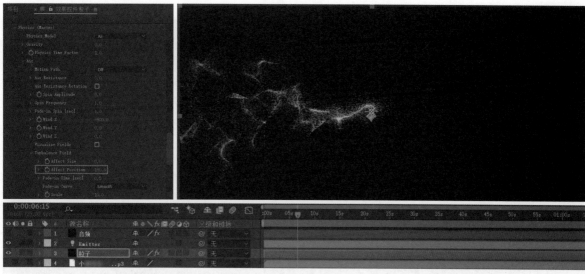

图2-59

添加Optical Flares插件

选择"音频"层，按U键调出关键帧的属性。按快捷键Ctrl+Y新建纯色层，并将其命名为OF。为其添加Optical Flares效果，单击Options Options 并选择预设，设置"大小"为30、"来源类型"为"跟踪灯光"、"渲染模式"为"透明"。按住Alt键单击"亮度"左侧的码表，激活表达式，在thisComp.layer("音频").effect后输入("Sound Keys") 和 ("Output 1")，如图2-60所示。

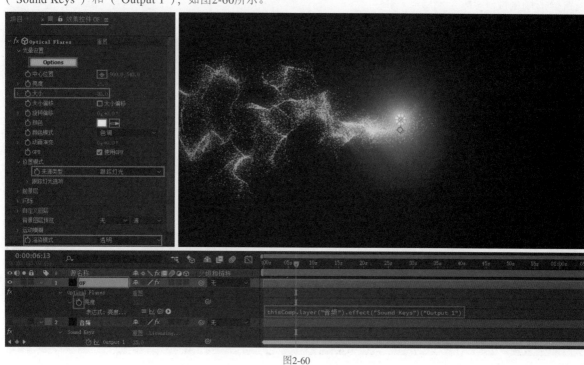

图2-60

添加Form插件

按快捷键Ctrl+Y新建纯色层，并将其命名为Form。将Form层放在底层，并为其添加RG Trapcode-Form（红巨人形态粒子插件Form）效果，设置Base Form(Master)（主基本形态）下的Size X（x轴上的大小）为2500、Size Y（y轴上的大小）为2500、Particles in X（x轴粒子数）为400、Particles in Y（y轴粒子数）为100、X Rotation（x轴旋转）为0x+90°，如图2-61所示。

图2-61

设置分形场属性

设置Fractal Field(Master)（主分形场）下的Displace（置换）为80，如图2-62所示。

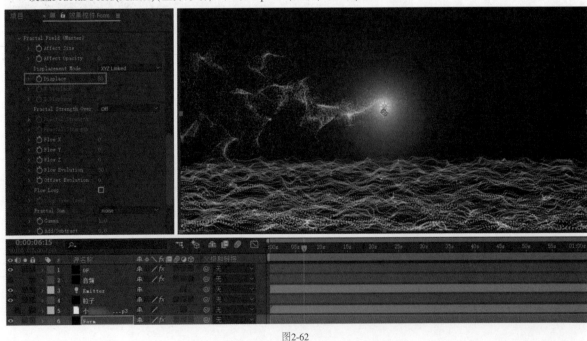

图2-62

设置颜色和形态

设置Particle(粒子)下的Set Color(设置颜色)为Over X(在*x*轴),设置Color Over(上色)为PRESETS(预设),在Audio React(Master)(主音频反应器)下设置Audio Layer(音频层)为音频素材、Reactor1(反应器1)下的Map To(映射到)为Fractal(分形),如图2-63所示。

图2-63

添加发光效果

选择"粒子"层,为其添加"发光"效果,设置"发光阈值"为35%、"发光半径"为50,如图2-64所示。

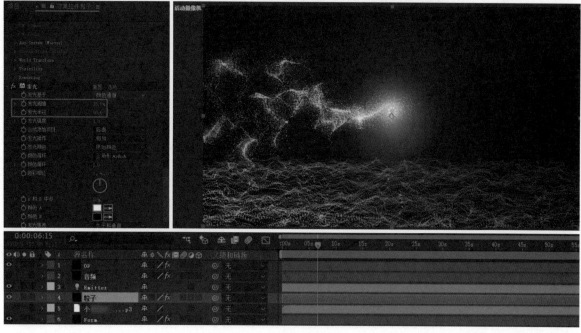

图2-64

添加Starglow插件

选择"粒子"层，为其添加RG Trapcode-Starglow(红巨人星光插件Starglow)效果，设置Preset(预设)为CoolX，如图2-65所示。

图2-65

添加CC Radial Fast Blur效果

选择Form层，为其添加CC Radial Fast Blur(CC放射快速模糊)效果，设置Center(中心)为(960,540)、Zoom为Brightest，如图2-66所示。

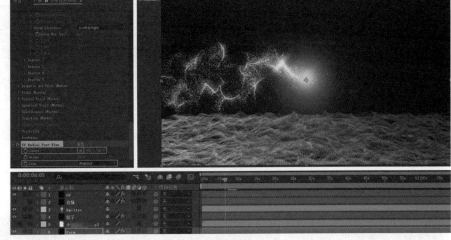

图2-66

预览、输出

按快捷键Ctrl+K调出"合成设置"对话框，设置"合成名称"为"粒子随音乐跳动"。将时间线放在0秒处并按Space键预览效果。将时间线放在0秒处，按快捷键Ctrl+M跳转到"渲染队列"面板，设置"输出模块"为"自定义：QuickTime"、"输出到"为"粒子随音乐跳动.mov"，单击"粒子随音乐跳动.mov"，在弹出的"将影片输出到："对话框中设置导出路径和文件名，保存后单击面板右上角的"渲染"按钮，如图2-67所示。

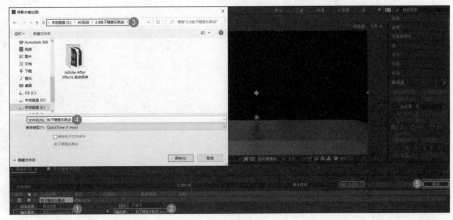

图2-67

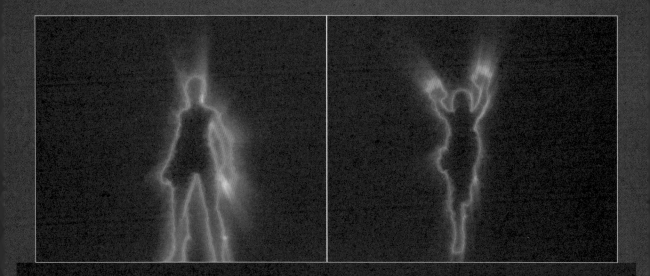

第3章 路径动画效果

■ 学习目的

　　本章主要介绍如何使用路径图形来制作动画效果。这类动画效果多应用于展示动画或宣传片，其制作要点是路径的绘制和关键点的控制。

■ 主要内容

· 路径描边　　　　　　　　· 指纹

· 动态描边　　　　　　　　· 魔法阵

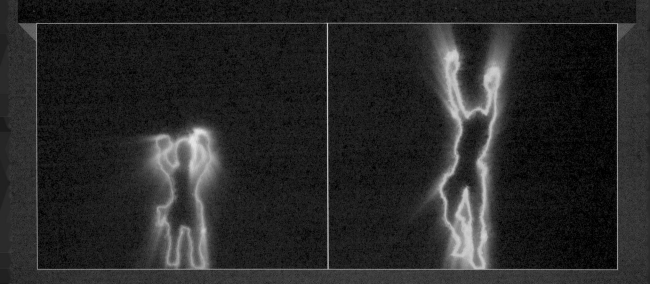

3.1 路径描边动画

实例位置	实例文件 > CH03 > 路径描边动画
教学视频	路径描边动画.mp4
学习目标	掌握添加"描边"效果的操作方法

新建合成

新建合成，将"合成名称"设置为"路径描边动画"，设置合成大小为1920px×1080px、"持续时间"为10秒，单击"确定"按钮，如图3-1所示。

导入素材

双击"项目"面板的空白处，或者在"项目"面板中单击鼠标右键并执行"导入"菜单命令（快捷键为Ctrl+I），在打开的对话框中选择要导入的图片素材，这里导入的是小松鼠图片素材，如图3-2所示。

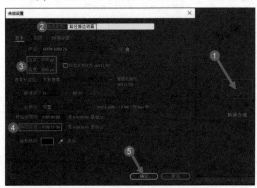
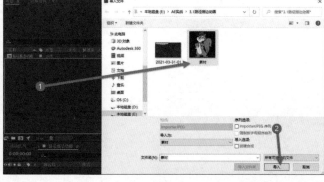

图3-1   图3-2

修改属性

选中图片素材并按S键调出"缩放"属性，将图片素材放大，如图3-3所示。

创建纯色

按快捷键Ctrl+Y新建纯色层，并将其命名为"描边"，设置"描边"层的混合模式为"相加"，如图3-4所示。

图3-3   图3-4

添加描边效果

01 选中"描边"层，执行"效果>生成>描边"菜单命令，添加"描边"效果，如图3-5所示。

图3-5

02 选中"描边"层，用"钢笔工具" ✐ 勾画小松鼠的轮廓线条，从第2点开始按住鼠标左键，将轮廓线条拖曳成贝塞尔曲线，一条轮廓线条勾画完成后单击"时间轴"面板的空白处；然后选中"描边"层勾画下一条轮廓线条，直到将小松鼠勾画完，如图3-6所示。

图3-6

03 在"描边"效果下勾选"所有蒙版"，隐藏图片素材，可以看到勾画的小松鼠的轮廓线条，如图3-7所示。

图3-7

描边动画

01 在结束帧处为"描边"效果的"结束"属性制作关键帧动画，单击"结束"左侧的码表 ⏱ ，激活关键帧，设置"结束"为100%，如图3-8所示。

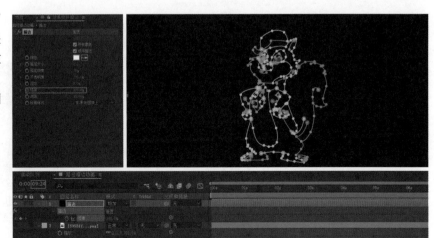

图3-8

02 将时间线移动到0秒处，
设置"结束"为0%，如图
3-9所示。

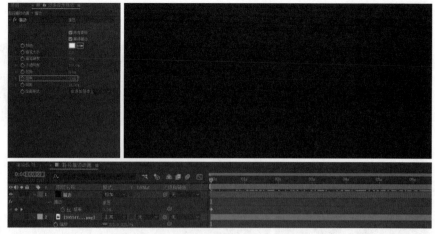

图3-9

添加细节

将"描边"效果下的"画笔大小"调大，动画效果会更明显。显示图片素材，按T键调出"不透明度"属
性，在0秒处设置"不透明度"为0%，设置关键帧，在结束帧处设置"不透明度"为100%。将时间线放在0秒
处并按Space键预览效果，
勾画的轮廓线条会按顺序
进行展示，直到小松鼠出
现。现在还可以为"描边"
层的"不透明度"制作关
键帧动画，这里制作从有
到无的效果。在0秒处设置
"不透明度"为100%，如
图3-10所示，再在结束帧处
设置"不透明度"为0%。

图3-10

预览、输出

将时间线放在0秒处并按Space键预览效果。将时间线放在0秒处，按快捷键Ctrl+M跳转到"渲染队列"面
板，设置"输出模块"为
"自定义:QuickTime"、"输
出到"为"路径描边动
画.mov"，单击"路径描边
动画.mov"，在弹出的"将
影片输出到:"对话框中设
置导出路径和文件名，保存
后单击面板右上角的"渲
染"按钮 渲染 ，如图
3-11所示。

图3-11

3.2 指纹动画

实例位置	实例文件 > CH03 > 指纹动画
教学视频	指纹动画.mp4
学习目标	掌握轨道遮罩的使用方法

新建合成

新建合成，将"合成名称"设置为"指纹动画"，设置合成大小为1920px×1080px、"持续时间"为10秒，单击"确定"按钮，如图3-12所示。

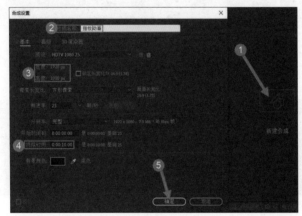

图3-12

绘制形状

使用"钢笔工具"绘制一条弧线，设置"填充"为"无"。选中形状层，设置"描边"为12px，按Enter键将其重命名为"直线1"，展开"直线1"层，添加"修剪路径"，如图3-13所示。

图3-13

添加动画

01 展开"修剪路径1"，在0秒处设置"开始"为50%、"结束"为50%，然后插入关键帧，如图3-14所示。

图3-14

02 在2秒处设置"开始"为0%、"结束"为100%，框选所有帧，按F9键添加缓动，可以看到弧线从中间向两端延伸，如图3-15所示。

图3-15

03 展开"形状1"，设置"描边1"下的"线段端点"为"圆头端点"；单击"虚线"右侧的＋，设置"虚线"为270；再次单击＋，设置"间隙"为90，如图3-16所示。

图3-16

表达式控制

01 按住Alt键单击"偏移"左侧的码表 ，激活表达式，输入振动的表达式wiggle(0.5,30)，如图3-17所示。

图3-17

02 选择"直线1"层，按快捷键Ctrl+D复制该层。按住Shift键选择"直线2"和"直线1"层，按S键调出"缩放"属性，取消"直线2"层的约束比例，调整"缩放"。按P键调出"位置"属性并调整，选择"直线2"层并修改"描边"宽度，如图3-18所示。

图3-18

复制层并修改属性

选择"直线2"层，按快捷键Ctrl+D复制8层。选择所有层，按S键和P键分别调出"缩放"和"位置"属性，修改每一层的"形状""描边""虚线""间隙"，直到满意，如图3-19所示。

图3-19

添加四色渐变效果

按快捷键Ctrl+A全选层，按快捷键Ctrl+Shift+C进行预合成，并将其命名为"指纹"，将所有属性移动到新层中。按快捷键Ctrl+Y新建纯色层，并将其命名为BG，然后添加"四色渐变"效果，修改颜色，如图3-20所示。

图3-20

运用轨道遮罩

将BG层放在底层，设置"轨道遮罩"为"Alpha遮罩'[指纹]'"，如图3-21所示。

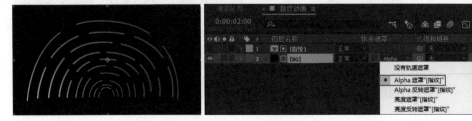

图3-21

预览、输出

将时间线放在0秒处并按Space键预览效果。将时间线放在0秒处，按快捷键Ctrl+M跳转到"渲染队列"面板，设置"输出模块"为"自定义:QuickTime"、"输出到"为"指纹动画.mov"，单击"指纹动画.mov"，在弹出的"将影片输出到:"对话框中设置导出路径和文件名，保存后单击面板右上角的"渲染"按钮，如图3-22所示。

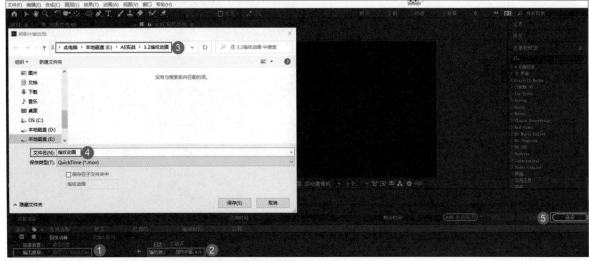

图3-22

3.3 动态描边（使用Saber插件）

实例位置	实例文件 > CH03 > 动态描边（使用Saber插件）
教学视频	动态描边（使用Saber插件）.mp4
学习目标	掌握Saber插件的使用方法

 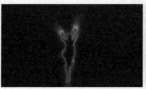 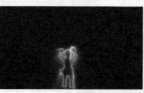 

从素材新建合成

单击"从素材新建合成"，导入素材，如图3-23所示。然后为素材添加"线性颜色键"效果，单击"主色"右侧的"吸管" ，在"合成"面板中吸取绿色，抠掉绿屏，如图3-24所示。

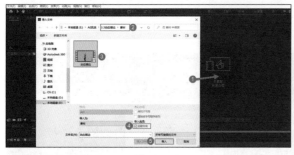

图3-23

图3-24

创建蒙版路径

选择绿屏素材，执行"图层>自动追踪"菜单命令，按M键调出蒙版属性，删除多余的蒙版属性，只保留人物外轮廓，如图3-25所示。

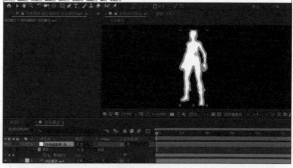

图3-25

添加Saber插件

为自动追踪的动态描边层添加Video Copilot-Saber效果，修改"预设"为"核变"，修改"辉光颜色"，设置"辉光强度"为20%、"自定义主体"下的"主体类型"为"遮罩图层"，如图3-26所示。

图3-26

添加Shine插件

按快捷键Ctrl+Alt+Y新建"调整图层1",为其添加RG Trapcode-Shine(红巨人光线插件Shine)效果,设置Ray length(光线长度)为3.6、Boost Light(光线亮度)为3.2、Colorize(着色)为Aura,如图3-27所示。

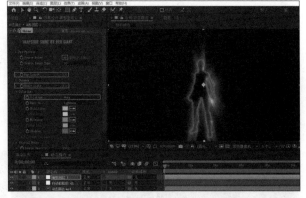

图3-27

添加色相/饱和度效果

01 添加"色相/饱和度"效果,在0秒处的"通道范围"中设置关键帧,如图3-28所示。

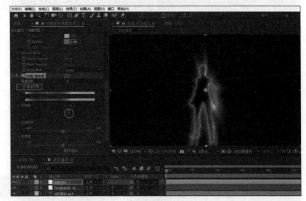

图3-28

02 在结束帧处设置"主色相"为2x+0°,拖曳时间线观察颜色变化,如图3-29所示。

图3-29

预览、输出

将时间线放在0秒处并按Space键预览效果。将时间线放在0秒处,按快捷键Ctrl+M跳转到"渲染队列"面板,设置"输出模块"为"自定义:QuickTime"、"输出到"为"动态描边.mov",单击"动态描边.mov",在弹出的"将影片输出到:"对话框中设置导出路径和文件名,保存后单击面板右上角的"渲染"按钮，如图3-30所示。

图3-30

3.4 魔法阵动画（使用Trapcode Shine、Starglow插件）

实例位置	实例文件＞CH03＞魔法阵动画（使用Trapcode Shine、Starglow插件）
教学视频	魔法阵动画（使用Trapcode Shine、Starglow插件）.mp4
学习目标	掌握添加修剪路径的方法

 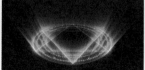 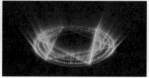 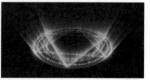

新建合成

新建合成，将"合成名称"设置为"魔法阵动画"，设置合成大小为1920px×1080px、"持续时间"为10秒，单击"确定"按钮，如图3-31所示。

导入图片素材并绘制形状

01 按快捷键Ctrl+I导入魔法阵图片素材，单击 ▦ ，在下拉列表中选择"标题/动作安全"，"合成"面板中会出现线框。不选择任何层，使用"椭圆工具" ⬤ 在合成中心拖曳，按住Ctrl+Shift+Alt键绘制一个圆形。选择形状层并按Enter键将其重命名为"外圆"，将圆形移动到图片素材上对应的位置，设置"填充"为"无"、"描边"为紫色和8像素。展开"外圆"层并为其添加修剪路径，在0秒处设置"结束"为0%并设置关键帧，如图3-32所示。

图3-31 图3-32

02 在2秒处设置"结束"为100%，拖曳时间线可以看到圆形沿顺时针方向出现，如图3-33所示。

图3-33

复制形状层并修改修剪路径

01 选择"外圆"层并按快捷键Ctrl+D复制该层。选择上层"外圆"层并按Enter键将其重命名为"内圆"，按S键缩小圆形，使其对应魔法阵图片素材。展开"内圆"层的"修剪路径1"，在2秒处设置"开始"为0%并设置关键帧，取消"结束"的关键帧，如图3-34所示。

图3-34

02 在0秒处设置"开始"为100%，拖曳时间线可以看到圆形沿逆时针方向出现，如图3-35所示。

图3-35

绘制多边形

01 不选择任何层，在"椭圆工具" ⬤ 上按住鼠标左键，选择"多边形工具" ⬟，在"合成"面板中心绘制三角形，在绘制过程中可以滚动滚轮调整多边形的边数。选择形状层并按Enter键，将其重命名为"三角形1"，添加"修剪路径1"。在2秒处设置"结束"为100%并设置关键帧，如图3-36所示。

图3-36

02 在0秒处设置"结束"为0%，拖曳时间线可以看到三角形沿顺时针方向出现，如图3-37所示。

图3-37

复制多边形并修改属性

01 选择"三角形1"层，按快捷键Ctrl+D复制该层。选择"三角形2"层并按R键调出"旋转"属性，设置"旋转"为0x-180°。展开"三角形2"层的"修剪路径"，在2秒处设置"开始"为0%并设置关键帧，取消"结束"的关键帧，如图3-38所示。

图3-38

02 在0秒处设置"开始"为100%，拖曳时间线可以看到三角形沿逆时针方向出现，如图3-39所示。

图3-39

添加路径文本效果

01 按快捷键Ctrl+T激活"文字工具",输入路径文字amazine,然后按快捷键Ctrl+C复制路径文字。选择文字层,为其添加"路径文本"效果。将路径文字粘贴15次,设置"字体"为Gigi、"形状类型"为"圆形",设置"切线1/圆点"和"顶点1/圆心",修改"填充颜色",在2秒处设置"字符"下的"大小"为36并设置关键帧,如图3-40所示。

图3-40

02 在0秒处设置"字符"下的"大小"为0,拖曳时间线可以看到魔法阵逐渐出现,如图3-41所示。

图3-41

03 选择amazine层,按快捷键Ctrl+D复制该层。选择上层amazine层的"路径文本"效果并编辑文字,多复制几次路径文字,设置"切线1/圆点",修改"填充颜色",如图3-42所示。

图3-42

预合成魔法阵

01 按住Shift键选中除图片素材外的所有层，按快捷键Ctrl+Shift+C进行预合成，并将其命名为"魔法阵"。将所有属性移动到新层中，隐藏图片素材。按快捷键Ctrl+Alt+Shift+Y新建空对象，让魔法阵关联空对象，使用空对象和魔法阵可以打开三维开关（按F4键可切换开关），如图3-43所示。

图3-43

02 选中空对象并按R键调出旋转属性，按S键调出"缩放"属性。设置"X轴旋转"为0x－60°；按住Alt键单击"Z轴旋转"左侧的码表 ，激活表达式，输入time*60。拖曳时间线可以发现魔法阵的旋转速度是之前的60倍。具体的参数设置如图3-44所示。

图3-44

创建调整图层

按快捷键Ctrl+Alt+Y新建"调整图层1"，为其添加RG Trapcode-Shine(红巨人光线插件Shine) 效果，将Source Point(发光源点) 设置在魔法阵下方，让魔法阵有一个向上的光束效果。Ray Length(射线长度)(影响渲染时间) 的取值范围为1~4，读者可以自行调整。Boost Light(光线亮度) 可以配合Ray Length进行调节，Colorize(着色) 可以选择软件自带的预设，如图3-45所示。

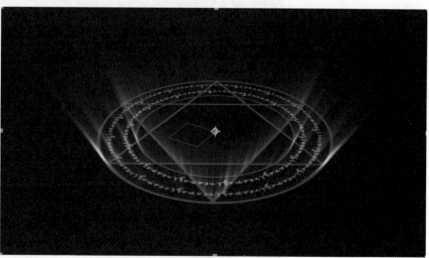

图3-45

添加发光效果

选择"调整图层1"并为其添加"发光"效果，设置"发光阈值"为83%、"发光半径"为200，隐藏空对象，如图3-46所示。

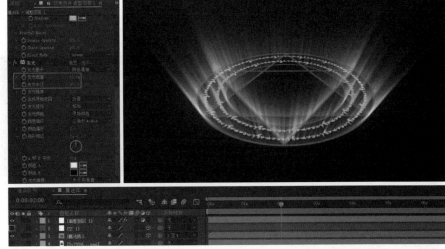

图3-46

添加Starglow插件

选择"调整图层1"，为其添加RG Trapcode-Starglow（红巨人星光插件Starglow）效果，修改Starglow中Colormap A和Colormap B下的Preset（预设），为魔法阵添加闪烁的星光效果，如图3-47所示。

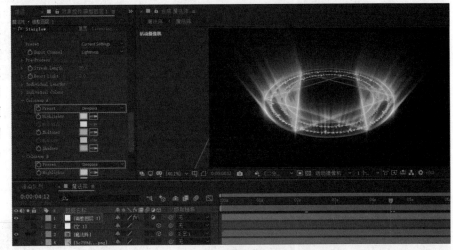

图3-47

预览、输出

将时间线放在0秒处并按Space键预览效果。将时间线放在0秒处，按快捷键Ctrl+M跳转到"渲染队列"面板，设置"输出模块"为"自定义:QuickTime"、"输出到"为"魔法阵.mov"，继续设置导出路径和文件名，保存后单击右下角的"渲染" 渲染 ，如图3-48所示。

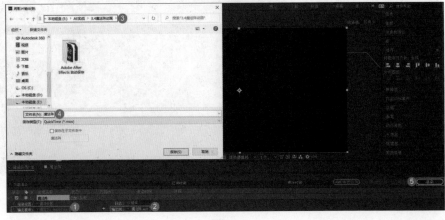

图3-48

第 **4** 章 文字动画效果

■ **学习目的**

　　本章主要讲解文字动画效果的制作方法，这些文字动画效果多用于有文字出现的地方，如片头、字幕、宣传片等。本章罗列了常见的文字动画效果的制作方法，请读者认真学习。另外，因为篇幅有限，如果读者想了解部分案例的操作过程，可以观看教学视频。

■ **主要内容**

· 文字线条描边　　　　　· 文字破碎

· 文字隧道　　　　　　　· 文字消散

4.1 打字机动画

实例位置	实例文件 > CH04 > 打字机动画
教学视频	打字机动画.mp4
学习目标	掌握文字的编辑方法

新建合成

新建合成，将"合成名称"设置为"打字机"，设置合成大小为1920px×1080px、"持续时间"为10秒，单击"确定"按钮，如图4-1所示。

输入文字

按快捷键Ctrl+T激活"文字工具"，输入文字"躲猫猫有点皮"，然后设置字体、大小和颜色，并让文字"对齐"合成中心，如图4-2所示。

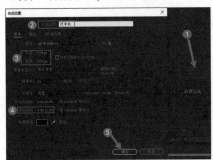  

图4-1   图4-2

使用动画预设

将"打字机"效果拖曳到文字层上，按U键调出关键帧属性，拖曳时间线，并调整文字的位置，如图4-3所示。

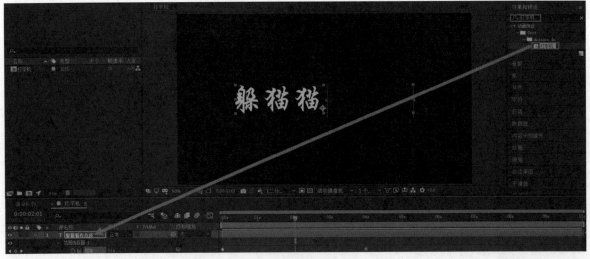

图4-3

预览、输出

在0秒处按Space键预览效果。将时间线放在0秒处，按快捷键Ctrl+M跳转到"渲染队列"面板，设置"输出模块"为"自定义：QuickTime"、"输出到"为"打字机.mov"，单击"打字机.mov"，在弹出的"将影片输出到："对话框中设置导出路径和文件名，保存后单击面板右上角的"渲染"按钮，如图4-4所示。

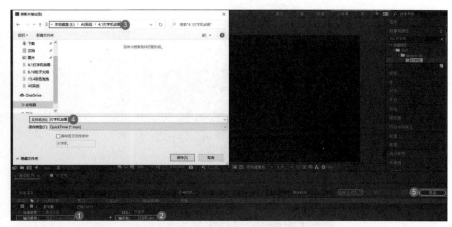

图4-4

4.2 3D文字生长（使用Stardust插件）

实例位置	实例文件 > CH04 > 3D文字生长（使用Stardust插件）
教学视频	3D文字生长（使用Stardust插件）.mp4
学习目标	掌握边缘发射粒子的设置方法

新建合成

新建合成，设置"合成名称"为"3D文字生长"，设置合成大小为1920px×1080px、"持续时间"为10秒，单击"确定"按钮，如图4-5所示。

输入文字

按快捷键Ctrl+Y新建纯色层，并将其命名为BG。按快捷键Ctrl+T激活"文字工具" ，输入文字After Effects，设置字体、大小和颜色，将文字放到合成中心，如图4-6所示。

图4-5　　　　　　　　　　　　　　　　　　　　　　　　图4-6

添加Stardust插件

按快捷键Ctrl+Y新建纯色层，并将其命名为Stardust，为其添加Superiuminal-Stardust(星尘粒子插件) 效果。设置Emitter(发射器) 下的Type(类型) 为Text/Mask(文本/遮罩)，设置Particles Per Second(每秒粒子数) 为300，设置Speed(速度) 为0、Layer Properties(图层属性) 下的Layer(图层) 为2.After Effects (文字层)，将文字层隐藏，如图4-7所示。

图4-7

文本边缘发射粒子

设置Path Properties(路径属性) 下的Text/Mask Emit Type(文本/遮罩发射类型) 为Edge(边缘)、Speed Along Path(沿路径的速度) 为15、Speed Randomness (速度随机值) 为20，设置Particle Properties (粒子属性) 下的Size(Pixels)(大小/像素) 为3，如图4-8所示。

图4-8

设置粒子颜色

设置Particle(粒子) 下的Particle Properties(粒子属性) 下的Particle Color(粒子颜色) 为Random From Gradient(从梯度随机)，在Color Gradient(四色渐变) 下单击Presets(预设) 按钮 Presets，选择Color 14，单击Apply(应用) 按钮，如图4-9所示。

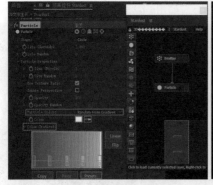

图4-9

添加Auxiliary节点

添加Auxiliary（辅助的）节点并连接Particle，添加Particle（粒子）并连接Auxiliary，设置Auxiliary（辅助的）下的Speed（速度）为0，设置Auxiliary中Particle（粒子）下的Particle Properties（粒子属性）下的Size(Pixels)（大小/像素）为1，如图4-10所示。

图4-10

创建摄像机并制作关键帧动画

01 设置Emitter（发射器）下的Speed（速度）为5、Size Z（z轴上的大小）为150。按快捷键Ctrl+Alt+Shift+C创建摄像机，调整摄像机的位置。选择"摄像机1"层，按P键调出"位置"属性，将时间线移动到6秒处并设置关键帧，如图4-11所示。

图4-11

02 设置Auxiliary（辅助的）下的Speed（速度）为2，在2秒处按C键，然后按住鼠标右键并拖曳，将镜头拉近，如图4-12所示。

图4-12

添加发光效果

选择Stardust层，并为其添加"发光"效果，设置"发光阈值"为80%、"发光半径"为100，如图4-13所示。

图4-13

添加梯度渐变效果

选择BG层，并为其添加"梯度渐变"效果，设置"起始颜色"和"结束颜色"，并设置渐变起点的位置，如图4-14所示。

图4-14

预览、输出

将时间线放在0秒处按Space键预览效果。将时间线放在0秒处，按快捷键Ctrl+M跳转到"渲染队列"面板，设置"输出模块"为"自定义：QuickTime"、"输出到"为"3D文字生长.mov"，单击"3D文字生长.mov"，在弹出的"将影片输出到："对话框中设置导出路径和文件名，保存后单击面板右上角的"渲染"按钮，如图4-15所示。

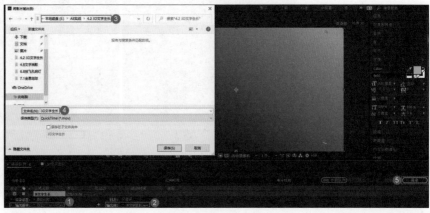

图4-15

4.3 文字线条描边（使用Trapcode Particular插件）

实例位置	实例文件＞CH04＞文字线条描边（使用Trapcode Particular插件）
教学视频	文字线条描边（使用Trapcode Particular插件）.mp4
学习目标	掌握文字线条描边的制作方法

新建合成

新建合成，设置"合成名称"为"文字线条描边"，设置合成大小为1920px×1080px、"持续时间"为10秒，单击"确定"按钮，如图4-16所示。

输入文字

按快捷键Ctrl+T激活"文字工具" ，输入文字AE，调整文字的字体、大小、颜色，并使文字"对齐"合成中心，如图4-17所示。

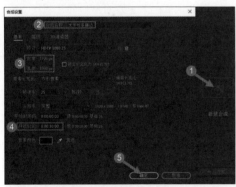

图4-16

图4-17

新建灯光并复制/粘贴蒙版

01 选择文字层，执行"图层>创建>从文字创建蒙版"菜单命令。选择"'AE'轮廓"层，按M键调出"蒙版路径"，选择A的"蒙版路径"，按快捷键Ctrl+C复制。按快捷键Ctrl+Alt+Shift+L新建灯光，并将其命名为A，选择A层，按P键调出"位置"属性，选择"位置"属性并按快捷键Ctrl+V粘贴，如图4-18所示。

图4-18

02 框选A层的"位置"属性中的所有关键帧，单击鼠标右键，执行"关键帧辅助>时间反向关键帧"命令，让关键帧从第15帧处开始。在0秒处将灯光移动到合成外，单击鼠标右键，执行"关键帧插值>临时插值>贝塞尔曲线"菜单命令，将路径调整圆滑，如图4-19所示。

图4-19

03 选择第二个A的"蒙版路径"，按快捷键Ctrl+C复制。按快捷键Ctrl+Alt+Shift+L新建灯光，并将其命名为A2，选择A2层并按P键调出"位置"属性。选择"位置"属性，按快捷键Ctrl+V粘贴，框选A2层的"位置"属性中的所有关键帧，单击鼠标右键，执行"关键帧辅助>时间反向关键帧"命令，让关键帧从第15帧开始。在0秒处将灯光移动到合成外，单击鼠标右键，执行"关键帧插值>临时插值>贝塞尔曲线"命令，将路径调整圆滑，如图4-20所示。

图4-20

04 选择E的"蒙版路径"并按快捷键Ctrl+C复制。按快捷键Ctrl+Alt+Shift+L新建灯光，并将其命名为"E"，选择E层并按P键调出"位置"属性。选择"位置"属性并按快捷键Ctrl+V粘贴，框选E层的"位置"属性中的所有关键帧，单击鼠标右键，执行"关键帧辅助>时间反向关键帧"命令，让关键帧从第15帧开始。在0秒处将灯光移动到合成外，单击鼠标右键，执行"关键帧插值>临时插值>贝塞尔曲线"命令，将路径调整圆滑，如图4-21所示。

图4-21

05 框选A层中除第1帧外的其他所有帧，按快捷键Ctrl+C复制，将时间线向后移动几帧，按快捷键Ctrl+V粘贴。在结束帧将灯光移动到合成外，单击鼠标右键，执行"关键帧插值>临时插值>贝塞尔曲线"命令，将路径调整圆滑，如图4-22所示。

图4-22

06 框选A2层中除第1帧外的其他所有帧，按快捷键Ctrl+C复制，将时间线向后移动几帧，按快捷键Ctrl+V粘贴。在结束帧将灯光移动到合成外，单击鼠标右键，执行"关键帧插值>临时插值>贝塞尔曲线"命令，将路径调整圆滑，如图4-23所示。

图4-23

07 框选E层中除第1帧外的其他所有帧，按快捷键Ctrl+C复制，将时间线向后移动几帧，按快捷键Ctrl+V粘贴。在结束帧将灯光移动到合成外，单击鼠标右键，执行"关键帧插值>临时插值>贝塞尔曲线"命令，将路径调整圆滑，如图4-24所示。

图4-24

添加Particular插件

依次选择每一个灯光，按Enter键进行重命名，分别为它们加上Emitter-前缀。隐藏"'AE'轮廓"层，按快捷键Ctrl+Y新建纯色层，并将其命名为"粒子"，为其添加RG Trapcode-Particular(红巨人粒子插件Particular)效果。设置Emitter(Master)(主发射器)下的Particles/sec(每秒粒子数)为200、Emitter Type(发射器类型)为Light(s)(灯光)，选择Choose Names(选择名字)，设置Light Emitter Name Starts With为Emitter。设置Position Subframe为10xLinear、Velocity(速率)为0、Velocity Random(速率随机值)为0%、Velocity from Motion(继承运动率)为0、Emitter Size XYZ(XYZ发射器大小)为0，如图4-25所示。

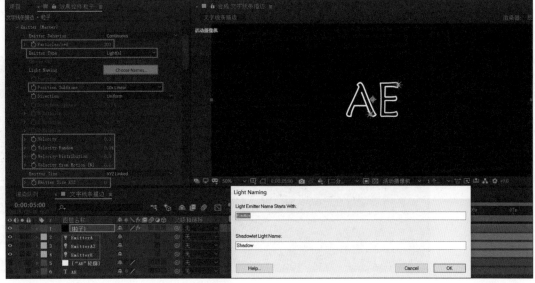

图4-25

设置粒子属性

01 设置Particle(Master)
(主粒子) 下的Life[sec]
(生命/秒) 为2、Size over
Life(大小生命周期) 为
PRESETS(预设)，让粒
子随生命增长而逐渐变
小，如图4-26所示。

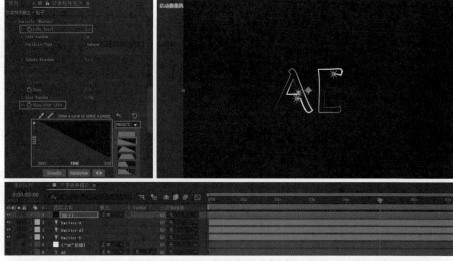

图4-26

02 设置Particle(Master)
(主粒子) 中的Opacity
over Life(不透明度生命
周期) 为PRESETS(预
设)，让粒子随生命增
长而逐渐透明，继续设
置Set Color(设置颜色)
为Over Life(生命周期)，
如图4-27所示。

图4-27

复制粒子层

01 选择"粒子"层，
按快捷键Ctrl+D复制该
层。设置上层"粒子"
层的Physics(Master)(主
物理) 下的Air(空气)
下的Wind Z(z轴风力)
为100，按快捷键Ctrl+
Alt+Shift+C创建摄像
机，如图4-28所示。

图4-28

02 选择上层"粒子"层，按快捷键Ctrl+D复制该层。设置顶层"粒子"层的Physics(Master)(主物理)下的Air(空气)下的Wind Z(z轴风力)为177，如图4-29所示。

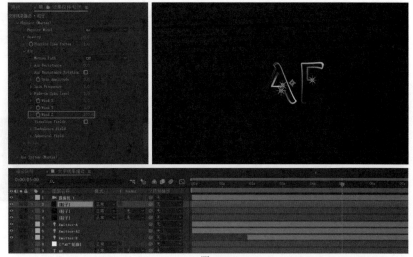

图4-29

创建空对象

01 按快捷键Ctrl+Alt+Shift+Y创建空对象，让摄像机关联空对象，"空1"层对应三维开关。选择"空1"层并按R键调出旋转属性，在3秒9帧处为"Y轴旋转"设置关键帧，如图4-30所示。

图4-30

02 在6秒11帧处设置"Y轴旋转"为0x+5°，如图4-31所示。

图4-31

预览、输出

将时间线放在0秒处并按Space键预览效果。将时间线放在0秒处，按快捷键Ctrl+M跳转到"渲染队列"面板，设置"输出模块"为"自定义:QuickTime"、"输出到"为"文字线条描边.mov"，单击"文字线条描边.mov"，在弹出的"将影片输出到:"对话框中设置导出路径和文件名，保存后单击面板右上角的"渲染"按钮 渲染 ，如图4-32所示。

图4-32

4.4 文字破碎

实例位置	实例文件 > CH04 > 文字破碎
教学视频	文字破碎.mp4
学习目标	掌握添加"快速方块模糊"效果的方法

新建合成

新建合成，将"合成名称"设置为"3D破碎文字"，设置合成大小为1920px×1080px、"持续时间"为10秒，单击"确定"按钮，如图4-33所示。

输入文字

按快捷键Ctrl+T激活"文字工具" T，输入文字After Effects，调整字体、大小、颜色，并将文字"对齐"合成中心，如图4-34所示。

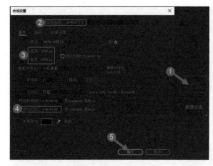

图4-33   图4-34

导入金属贴图素材并设置Alpha遮罩

按快捷键Ctrl+I导入金属贴图素材，将其拖曳到"时间轴"面板中并放在底层，在"轨道遮罩"中选择"Alpha遮罩'After Effects'"，如图4-35所示。

图4-35

添加曲线效果

01 选择金属贴图素材，为其添加"曲线"效果，切换通道并调整曲线，增加对比度，如图4-36所示。

图4-36

02 选择文字层，按快捷键Ctrl+D复制该层。设置上层文字层的颜色为黑色，添加"斜面Alpha"效果，设置"灯光角度"为0x+0°、层的混合模式为"相加"，如图4-37所示。

图4-37

03 选择上层文字层并按快捷键Ctrl+D复制该层。设置顶层文字的"边缘厚度"为1、"灯光角度"为0x－210°、"灯光强度"为0.6，如图4-38所示。

图4-38

添加CC Pixel Polly效果

01 选择"时间轴"面板，按快捷键Ctrl+A全选层，按快捷键Ctrl+Shift+C进行预合成，将所有属性移动到新层中，并将其命名为"文字"。为其添加CC Pixel Polly效果，设置Force(力) 为－50、Gravity(重力) 为－0.4、

Spinning(快速旋转) 为 2x+0°、Direction Randomne (方向随机)为38%。按住 Alt键单击Speed Randomness (速度随机) 左侧的码表 ，激活表达式，输入 wiggle(0,15)。按住Alt 键单击Grid Spacing(网格 间隔)左侧的码表 ， 激活表达式，输入 wiggle(0,8)。具体的参数 设置如图4-39所示。

图4-39

02 选择"文字"层，使用"矩形工具" 框选文字的上半部分，按M键调出"蒙版路径"，在0秒处设置关键帧，如图4-40所示。

图4-40

03 在第10帧处双击蒙版并向下移动蒙版，框选文字的下半部分，按快捷键Ctrl+D复制10层，如图4-41所示。

图4-41

使用Sequence Layers脚本

01 按快捷键Ctrl+A全选层，执行"文件>脚本>运行脚本文件"菜单命令，选择序列图层脚本Sequence Layers，在打开的对话框中勾选Frames，设置数值为1，单击Execute按钮 Execute ，如图4-42所示。

图4-42

02 选择顶层"文字"层，按M键调出"蒙版路径"，在第10帧处取消关键帧，如图4-43所示。

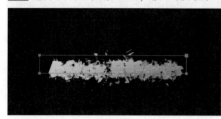

图4-43

03 选择底层"文字"层，按住Shift键选择顶层"文字"层，这样就可以从下到上全选层。执行"文件>脚本>运行脚本文件"菜单命令，选择序列图层脚本Sequence Layers，在打开的对话框中勾选Frames，设置数值为1，单击Execute ，将时间线移动到0秒处，如图4-44所示。

图4-44

04 选择顶层"文字"层（时间线从0秒开始），按快捷键Ctrl+D复制该层。将顶层"文字"层单独显示，隐藏CC Pixel Polly效果，按M键调出"蒙版路径"，在第20帧处选择蒙版下方的两个控制点并向下拖曳，显示整个文字，设置好关键帧，如图4-45所示。

图4-45

05 在第10帧处双击蒙版并向下拖曳蒙版，不显示文字，如图4-46所示。

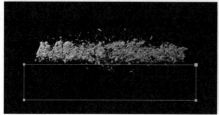

图4-46

添加快速方框模糊效果

01 按快捷键Ctrl+A全选层，按快捷键Ctrl+D复制并将复制层移到上方。选择顶层"文字"层，为其添加"快速方框模糊"效果，在第16帧处设置"模糊半径"为100并设置关键帧，设置"模糊方向"为"垂直"，勾选"重复边缘像素"，如图4-47所示。

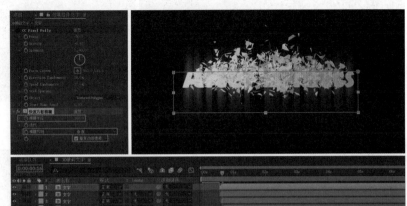

图4-47

02 在第14帧处设置"模糊半径"为0，如图4-48所示。

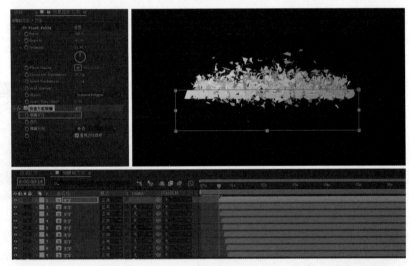

图4-48

03 选择"快速方框模糊"效果，按快捷键Ctrl+C复制，选择2~12层"文字"层，按快捷键Ctrl+V粘贴。将1~12层"文字"的时间轴后移，从第14帧处开始显示，如图4-49所示。

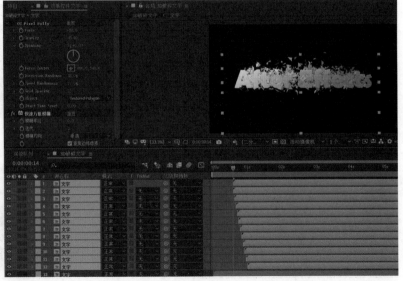

图4-49

04 按快捷键Ctrl+A全选层，设置所有层的混合模式均为"相加"，如图4-50所示。

图4-50

添加发光效果

按快捷键Ctrl+Alt+Y新建"调整图层2"，并为其添加"发光"效果，设置"发光强度"为0.8、"发光颜色"为"A和B颜色"、"颜色循环"为"锯齿A>B"，修改"颜色A"和"颜色B"，设置"发光维度"为"垂直"。选择"发光"效果，按快捷键Ctrl+D复制，设置"发光2"的"发光半径"为60，如图4-51所示。

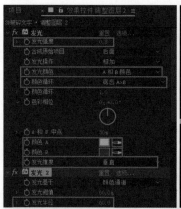

图4-51

预览、输出

将时间线放在0秒处并按Space键预览效果。将时间线放在0秒处，按快捷键Ctrl+M跳转到"渲染队列"面板，设置"输出模块"为"自定义:QuickTime"、"输出到"为"3D破碎文字.mov"，单击"破碎文字.mov"，在弹出的"将影片输出到:"对话框中设置导出路径和文件名，保存后单击面板右上角的"渲染"按钮，如图4-52所示。

图4-52

4.5 文字隧道

实例位置	实例文件 > CH04 > 文字隧道
教学视频	文字隧道.mp4
学习目标	掌握添加"勾画"效果的方法

新建合成

新建合成，将"合成名称"设置为"文字隧道"，设置合成大小为1920px×1080px、"持续时间"为10秒，单击"确定"按钮，如图4-53所示。

输入文字

按快捷键Ctrl+T激活"文字工具" ，输入文字"文字隧道"，设置字体、大小和颜色，使文字"对齐"合成中心，如图4-54所示。

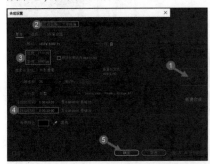

图4-53   图4-54

添加勾画效果

01 选择文字层并按快捷键Ctrl+Shift+C进行预合成，将其命名为"文字"。设置文字层的混合模式为"屏幕"。为文字层添加"勾画"效果，设置"片段"为1，勾选"随机相位"，设置混合模式为"透明"，修改"颜色"，设置"宽度"为5，在5秒处设置"长度"为1并设置关键帧，设置"旋转"为0x+90°并设置关键帧，如图4-55所示。

图4-55

02 在0秒处设置"长度"为0、"旋转"为0x+0°，按U键调出关键帧的属性，框选所有关键帧并按F9键添加缓动，如图4-56所示。

图4-56

位置表达式

选择"文字"层，按F4键切换开关，打开三维开关。按P键调出"位置"属性，选中"位置"属性并单击鼠标右键，执行"单独尺寸"菜单命令。按住Alt键单击"Z位置"左侧的码表，激活表达式，输入index*2000。选择文字层并按快捷键Ctrl+D复制10层，如图4-57所示。

图4-57

创建摄像机和空对象

按快捷键Ctrl+Alt+Shift+C创建摄像机，按快捷键Ctrl+Alt+Shift+Y创建空对象，让摄像机关联"空1"层，选择"空1"层，打开三维开关，按P键和R键调出"位置"和旋转属性。在5秒处设置"位置"为（960,540,5000）并设置关键帧，设置"Z轴旋转"为0x+0°并设置关键帧，如图4-58所示。

图4-58

空对象控制摄像机动画

在0秒处设置"位置"为（960,540,20000）、"Z轴旋转"为0x+60°，框选所有关键帧并按F9键添加缓动，如图4-59所示。

图4-59

设置不透明度并制作关键帧动画

01 选择摄像机下方的"文字"层,删除"勾画"效果,按Enter键将其重命名为"文字显示"。选择"文字显示"下的所有"文字"层,按T键调出"不透明度"属性,在3秒处将所有"文字"层的"不透明度"设置为100%,并设置关键帧,如图4-60所示。

图4-60

02 在4秒处设置所有"文字"层的"不透明度"为0%,如图4-61所示。

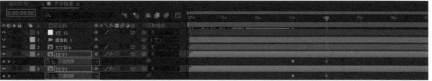

图4-61

预览、输出

将时间线放在0秒处并按Space键预览效果。将时间线放在0秒处,按快捷键Ctrl+M跳转到"渲染队列"面板,设置"输出模块"为"自定义:QuickTime"、"输出到"为"文字隧道.mov",单击"文字隧道.mov",在弹出的"将影片输出到:"对话框中设置导出路径和文件名,保存后单击面板右上角的"渲染"按钮(渲染),如图4-62所示。

图4-62

4.6 文字消散(使用Trapcode Form插件)

实例位置	实例文件 > CH04 > 文字消散(使用Trapcode Form插件)
教学视频	文字消散(使用Trapcode Form插件).mp4
学习目标	掌握Trapcode Form插件的使用方法

新建合成

新建合成，将"合成名称"设置为"文字消散"，设置合成大小为1920px×1080px、"持续时间"为10秒，单击"确定"按钮，如图4-63所示。

输入文字

按快捷键Ctrl+T激活"文字工具" T，输入文字After Effects，设置字体、大小和颜色，如图4-64所示，并将文字"对齐"合成中心。

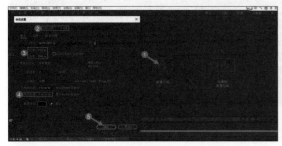

图4-63

图4-64

添加Form插件

01 选择文字层并按快捷键Ctrl+Shift+C进行预合成，将所有属性移动到新层中，并将其命名为"文字"，隐藏"文字"层。按快捷键Ctrl+Y新建纯色层，并将其命名为Form，为其添加RG Trapcode-Form(红巨人形态粒子插件Form) 效果。设置Base Form(基本形态) 下的Size X(x轴上的大小) 为1920、Size Y(y轴上的大小) 为1080、Size Z(z轴大小) 为500、Particles in X(x轴粒子数) 为1920、Particles in Y(y轴粒子数)为1080、Particles in Z(z轴粒子数) 为1，设置Layer Maps(图层贴图) 中的Color and Alpha(颜色和Alpha) 的Layer(图层) 为"2.文字"、Functionality(实用)为A to A、Map Over(贴图映射)为XY，如图4-65所示。

图4-65

02 在Particle(Master)(主粒子)下修改Color(颜色)。按快捷键Ctrl+Y新建纯色层，设置"颜色"为白色，并将其命名为"白"；按快捷键Ctrl+Y新建纯色层，设置"颜色"为黑色，并将其命名为"黑"，如图4-66所示。

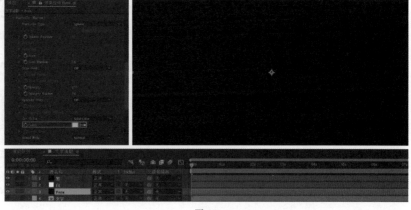

图4-66

添加线性擦除效果

01 选择"黑"和"白"两层，按快捷键Ctrl+Shift+C进行预合成，将所有属性移动到新合成中，并将其命名为"变换"。双击"变换"合成，选择"黑"层并添加"线性擦除"效果，在0秒处设置"过渡完成"为0%并设置关键帧，设置"擦除角度"为0x-50°，如图4-67所示。

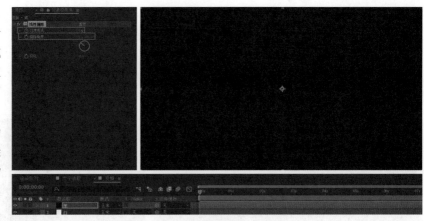

图4-67

02 在结束帧处设置"过渡完成"为100%、"羽化"为200，如图4-68所示。

图4-68

分形场和分散贴图映射

01 将"变换"层放在Form层下，设置Form-Layer Maps(图层贴图)下的Fractal Strength(分形强度)下的Layer(图层)为"2.变换"、Map Over(贴图映射)为XY，设置Disperse(分散)下的Layer(图层)为"2.变换"、Map Over(贴图映射)为XY，设置Disperse and Twist(分散和扭曲)的Disperse(分散)为45，如图4-69所示。

图4-69

02 设置Fractal Field(Master)
(主分形场) 下的Flow X(*x*轴上
的流动) 为270、Offset
Evolution(偏移演化) 为400,
如图4-70所示。

图4-70

修改合成

在"项目"面板中选择
"变换"合成并按快捷键Ctrl+D
复制该合成。双击"变换2"合
成,选择"黑"层并按快捷键
Ctrl+Shift+Y设置"颜色"为
白色,并将其重命名为"白";
选择下层"白"层并按快捷键
Ctrl+Shift+Y设置"颜色"为黑
色,并将其重命名为"黑",如
图4-71所示。

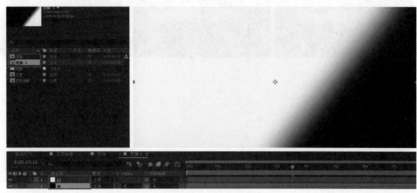

图4-71

大小贴图映射

回到"文字消散"合成,
从"项目"面板中将"变换2"
合成拖曳到"时间轴"面板中
并隐藏,设置Form-Layer Maps
中Size(大小) 下的Layer(图
层) 为"2.变换2"、Map Over
(贴图映射) 为XY,如图4-72
所示。

图4-72

预览、输出

将时间线放在0秒处并按Space键预览效果。将时间线放在0秒处,按快捷键Ctrl+M跳转到"渲染队列"面

板,设置"输出模块"为"自
定义:QuickTime"、"输出到"
为"文字消散.mov",单击
"文字消散.mov",在弹出的
"将影片输出到:"对话框中设
置导出路径和文件名,保存后
单击面板右上角的"渲染"按
钮   渲染 ,如图4-73所示。

图4-73

4.7 文字消散（使用Trapcode Particular插件）

实例位置	实例文件 > CH04 > 文字消散（使用Trapcode Particular插件）
教学视频	文字消散（使用Trapcode Particular插件）.mp4
学习目标	掌握添加"分形杂色"效果的方法

新建合成

新建合成，将"合成名称"设置为"腐蚀"，设置合成大小为1920px×1080px、"持续时间"为10秒，单击"确定"按钮，如图4-74所示。

输入文字

按快捷键Ctrl+T激活"文字工具" T，输入文字After Effects，调整字体、大小、颜色，并使文字"对齐"合成中心，如图4-75所示。

图4-74 图4-75

添加分形杂色效果

01 选择文字层并按快捷键Ctrl+Shift+C进行预合成，将所有属性移动到新层中，并将其命名为"文字"。按快捷键Ctrl+Y新建纯色层，并将其命名为"腐蚀遮罩"，为其添加"分形杂色"效果，设置"对比度"为1000、"复杂度"为10，在1秒处设置"亮度"为−480并设置关键帧，如图4-76所示。

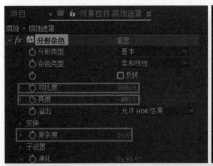

图4-76

02 在3秒处设置"亮度"为480，如图4-77所示。

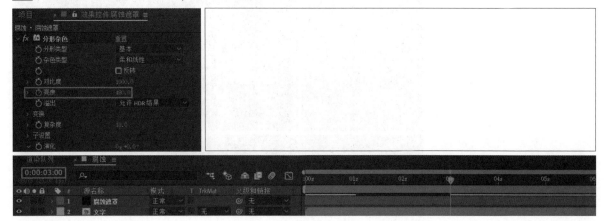

图4-77

运用轨道遮罩

01 选择"腐蚀遮罩"层并按快捷键Ctrl+Shift+C进行预合成，将所有属性移动到新层中，并将其命名为"腐蚀遮罩"，在文字层的"轨道遮罩"中选择"亮度反转遮罩'腐蚀遮罩'"，如图4-78所示。

图4-78

02 按快捷键Ctrl+N新建合成，设置"合成名称"为"腐蚀边缘"，设置合成大小为1920px×1080px、"持续时间"为10秒。从"项目"面板中将"腐蚀遮罩"合成拖曳到"时间轴"面板中，按快捷键Ctrl+D复制该层。为上层"腐蚀遮罩"层添加"反转"效果，将时间线向后移，在下层"腐蚀遮罩"层的"轨道遮罩"中选择"亮度遮罩'腐蚀遮罩'"，如图4-79所示。

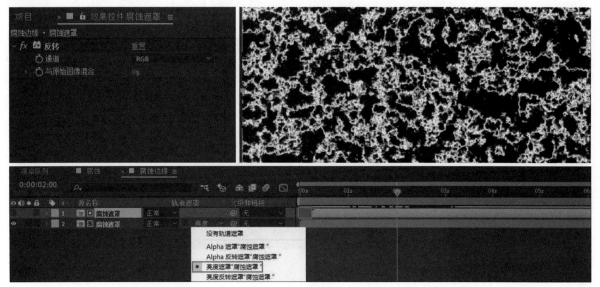

图4-79

03 选择两层"腐蚀遮罩"并按快捷键Ctrl+Shift+C进行预合成，将所有属性移动到新层中，并将其命名为"边缘遮罩"。从"项目"面板将"文字"合成拖曳到"时间轴"面板中并放在底层，在"文字"层的"轨道遮罩"中选择"亮度遮罩'边缘遮罩'"，如图4-80所示。

图4-80

添加Particular插件

按快捷键Ctrl+A全选层，按快捷键Ctrl+Shift+C进行预合成，并将其命名为Emitter。按快捷键Ctrl+Y新建纯色层，并将其命名为Particle。为Particle层添加RG Trapcode-Particular(红巨人粒子插件Particular)效果，按F4键切换，使用Emitter合成打开三维开关，设置Particle中Emitter(Master)(主发射器)下的Emitter Type(发射器类型)为Layer(图层)、Layer Emitter(图层发射器)下的Layer(图层)为3.Emitter、Particles/sec(每秒粒子数)为1000000、Velocity(速率)为0，如图4-81所示。

图4-81

设置粒子属性

01 设置Emitter(Master)(主发射器)下的Emission Extras(发射附加)下的Pre Run为100%，设置Particle(Master)(主粒子)下的Life[sec](生命/秒)为1.3、Life Random(生命随机值)为50%、Size(大小)为3、Size Random(大小随机值)为50%、Size over Life(大小生命周期)为PRESETS(预设)，选择一种预设，让粒子随生命的增长而逐渐变小，如图4-82所示。

图4-82

02 设置Particle（粒子）下的 Opacity over Life（不透明度生命周期）为PRESETS（预设），选择一种预设，让粒子随生命的增长而逐渐变透明，如图4-83所示。

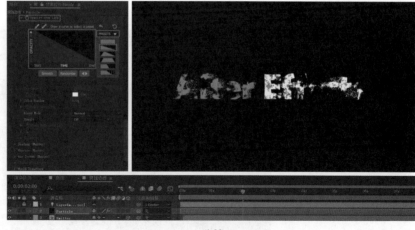

4-83

设置物理属性

设置Physics（物理）下的 Physics Time Factor（物理时间因子）为1.1、Air（空气）下的 Wind X（x轴风力）为100、Wind Y（y轴风力）为−50，设置 Turbulence Field（扰乱场）下的 Affect Position（影响位置）为 100、Fade-in Time（淡入时间）为0.1、Scale（范围）为6，Move with Wind（随风移动）为100，如图4-84所示。

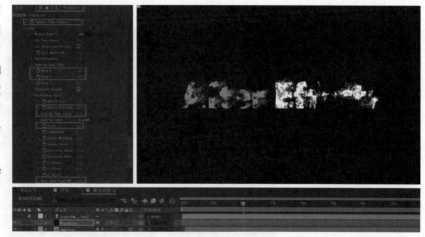

图4-84

使用辅助系统

在Aux System（Master）（主辅助系统）下设置Emit（发射）为Continuously（连续的）、Particles/sec（每秒粒子数）为5、Life［sec］（生命/秒）为2、Size（大小）为1、Size over Life（大小生命周期）为PRESETS（预设），选择一种预设，让粒子随生命的增长而逐渐变小，如图4-85所示。

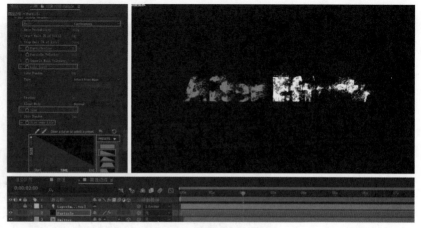

图4-85

添加细节

01 设置在Aux System(辅助系统)下的Opacity over Life(不透明度生命周期)为PRESETS(预设),选择一种预
设,让粒子随生命的增长
而逐渐变透明。设置
Color From Main(继承主
粒子颜色)为100%,设
置Physics(Air& Fluid
mode only)[物理(仅空
气和流体模式)]下的
Wind Affect(风力影响)
为100%、Turbulence
Position(扰乱位置)为
200,如图4-86所示。

图4-86

02 选择Particle层并按快
捷键Ctrl+D复制该层。设
置上层Particle层的Physics
(Master)(主物理)下的Air
(空气)下的Turbulence
Field(扰乱场)下的Affect
Position(影响位置)为
150,如图4-87所示。

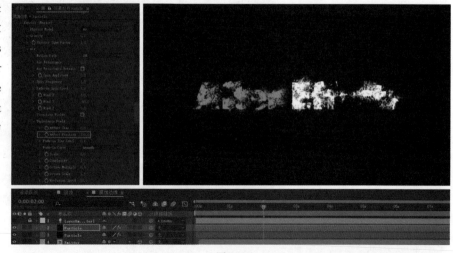

图4-87

03 设置Aux System(辅助
系统)下的Life[sec](生命/
秒)为0.5、Size(大小)为
2,设置Physics(Air & Fluid
mode only)[物理(仅空气
和流体模式)]下的Wind
Affect(风力影响)为150%、
Turbulence Position(扰乱
位置)为250,如图4-88
所示。

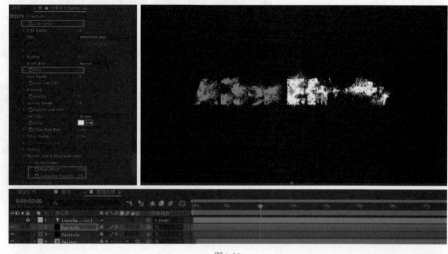

图4-88

04 选择上层Particle层并按快捷键Ctrl+D复制该层。设置顶层Particle层下的Particle(粒子)下的Size(大小)为4、Aux System(Master)(主辅助系统)下的Life[sec](生命/秒)为3,如图4-89所示。

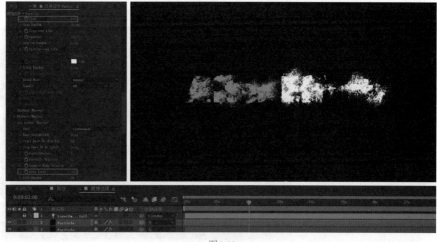

图4-89

亮度遮罩

从"项目"面板中将"腐蚀遮罩"和"文字"合成拖曳到"时间轴"面板中,在"文字"层的"轨道遮罩"中选择"亮度遮罩'腐蚀遮罩'",如图4-90所示。

图4-90

添加锐化和曲线效果

按快捷键Ctrl+Alt+Y新建"调整图层1",并为其添加"锐化"效果,设置"锐化量"为20;添加"曲线"效果,调整曲线以增加对比度,如图4-91所示。

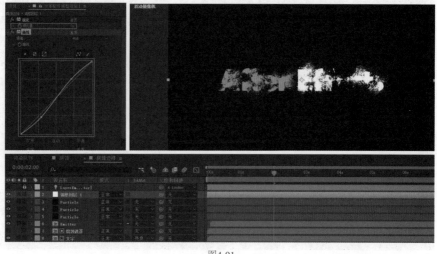

图4-91

添加CC Burn Film效果

01 按快捷键Ctrl+N新建合成，设置"合成名称"为"文字消散"，设置合成大小为1920px×1080px、"持续时间"为10秒。从"项目"面板中将"腐蚀边缘"合成拖曳到"时间轴"面板中，添加CC Burn Film(CC燃烧胶片)效果，在7秒处设置Burn(燃烧)为0并设置关键帧，如图4-92所示。

图4-92

02 在9秒处设置Burn(燃烧)为80，如图4-93所示。

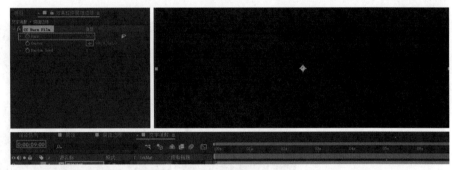

图4-93

预览、输出

将时间线放在0秒处并按Space键预览效果。将时间线放在0秒处，按快捷键Ctrl+M跳转到"渲染队列"面板，设置"输出模块"为"自定义:QuickTime"、"输出到"为"文字消散.mov"，单击"文字消散.mov"，在弹出的"将影片输出到:"对话框中设置导出路径和文件名，保存后单击面板右上角的"渲染"按钮（ 渲染 ），如图4-94所示。

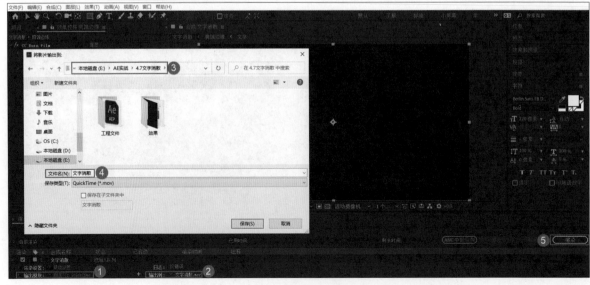

图4-94

4.8 文字消散（使用Stardust插件）

实例位置	实例文件＞CH04＞文字消散（使用Stardust插件）
教学视频	文字消散（使用Stardust插件）.mp4
学习目标	掌握星尘粒子的制作方法

新建合成

新建合成，将"合成名称"设置为"发射器"，设置合成大小为1920px×1080px、"持续时间"为10秒，单击"确定"按钮，如图4-95所示。

输入文字

按快捷键Ctrl+T激活"文字工具" ，输入文字After Effects，调整字体、大小、颜色，使文字"对齐"合成中心，如图4-96所示。

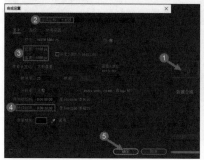

图4-95

图4-96

绘制蒙版并制作移动关键帧动画

01 选择文字层并按快捷键Ctrl+Shift+C进行预合成，并将其命名为"文字"。按快捷键Ctrl+Y新建纯色层，设置"颜色"为白色，并将其命名为"蒙版"。选择"蒙版"层，用"矩形工具" 在合成中间绘制一个矩形。在0秒处为"蒙版路径"设置关键帧，将矩形蒙版移动到文字左边，设置"蒙版羽化"为（80像素，80像素），如图4-97所示。

图4-97

02 在0秒处为"蒙版路径"设置关键帧，将矩形蒙版移动到文字右边，在"文字"层的"轨道蒙版"中选择"Alpha遮罩'蒙版'"，如图4-98所示。

图4-98

复制合成并修改蒙版

01 按快捷键Ctrl+N新建合成，设置"合成名称"为"消散文字"，设置合成大小为1920px×1080px、"持续时间"为10秒。从"项目"面板中将"发射器"合成拖曳到"时间轴"面板中，如图4-99所示。

图4-99

02 在"项目"面板中选择"发射器"合成，按快捷键Ctrl+D复制该合成。选择"发射器2"合成并按Enter键，将其重命名为"显示文字"。双击"发射器"合成，在7秒处取消关键帧，然后重新设置关键帧，如图4-100所示。

图4-100

03 在0秒处将蒙版矩形移动到文字左边，选择蒙版矩形右边的两个控制点，将其向右拖曳，让文字全部显示出来，如图4-101所示。

图4-101

添加填充和高斯模糊（旧版）效果

选择"蒙版"层并为其添加"填充"效果，设置"颜色"为白色，勾选"所有蒙版"；添加"高斯模糊（旧版）"效果，设置"模糊度"为20，如图4-102所示。

图4-102

添加Stardust插件

01 单击"显示文字"合成，从"项目"面板中将"显示文字"层拖曳到"时间轴"面板中。按快捷键Ctrl+Y新建纯色层，并将其命名为Stardust。添加Superiuminal-Stardust(星尘粒子插件) 效果，设置Emitter(发射器) 下的

Type(类型) 为Layer(图层)，设置Layer Properties (图层属性) 下的Layer (图层) 为"1.发射器"、Layer Time Sample(图层时间采样) 为On Birth(从出生)、Texture Gets(纹理得到) 为Color(颜色)，隐藏"发射器"层，如图4-103所示。

图4-103

02 显示"发射器"层，隐藏"显示文字"层，设置Emitter(发射器) 下的Particles Per Second(每秒粒子数) 为10000、Speed (速度) 为0、Particle(粒子) 下的Life(Seconds)(生命/秒) 为1，如图4-104所示。

图4-104

设置粒子属性

设置Particle Properties(粒子属性) 下的Size(Pixels)(大小/像素) 为5、Size Random(大小随机值) 为50，单击Over Life(生命周期) 下Size(大小) 的Presets(预设) 按钮 Presets，选择Fade In and Out Bezier，让粒子随生命的增长而由小变大，再由大变小，如图4-105所示。

图4-105

添加Turbulence节点

添加Turbulence（湍流）节点并连接Particle（粒子）节点。设置Position offset（位置偏移）为500；在Turbulence Over Life（湍流生命周期）下调整Linear（直线）为Bezier（贝塞尔），让湍流随生命的增长而逐渐增大；设置Noise Scale（噪波范围）为150，如图4-106所示。

图4-106

添加分形杂色和三色调效果

双击"文字"合成，按快捷键Ctrl+Y新建纯色层，并将其命名为"颜色"。为"颜色"层添加"分形杂色"效果，设置"分型类型"为"湍流平滑"、"杂色类型"为"块"、"演化"为0x+300。添加"三色调"效果，设置"高光""中间调""阴影"的颜色，如图4-107所示。

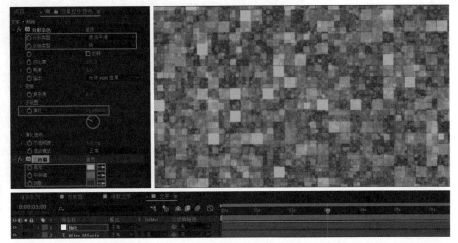

图4-107

复制层并增加变化

选择"颜色"层并按快捷键Ctrl+D复制该层。设置上层"颜色"层的混合模式为"相加"，设置"分形杂色"的"对比度"为120、"亮度"为−15。在"变换"下取消勾选"统一缩放"，设置"缩放宽度"为500、"缩放高度"为60、"演化"为0x+0°。按住Alt键单击"演化"左侧的码表，激活表达式，输入time*100，如图4-108所示。

图4-108

颜色合成Alpha遮罩文字

选择两个"颜色"层并按快捷键Ctrl+Shift+C进行预合成，将其命名为"颜色"。将"颜色"层放在文字层下，在"轨道遮罩"中选择"Alpha遮罩'After Effects'"，如图4-109所示。

图4-109

添加填充效果

在"项目"面板中双击"显示文字"合成，并选择"文字"层，为其添加白色填充效果，如图4-110所示。

图4-110

添加色调效果

01 双击"颜色"合成，按快捷键Ctrl+Alt+Y新建"调整图层1"，为其添加"色调"效果，设置"着色数量"为20%，如图4-111所示。

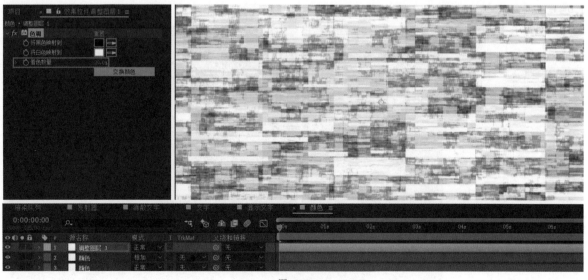

图4-111

02 回到"消散文字"合成，设置Emitter(发射器)下的Particles Per Second(每秒粒子数)为100000，如图4-112所示。

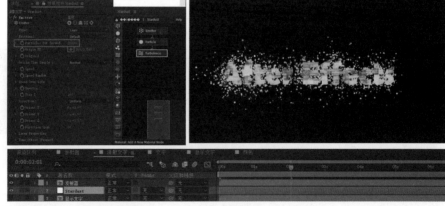

图4-112

03 显示"文字"层，选择"蒙版"层并按快捷键Ctrl+D复制该层。选择"蒙版2"层，为其添加黑色填充效果。按快捷键Ctrl+Y新建纯色层，将其放在"蒙版2"下方，如图4-113所示。

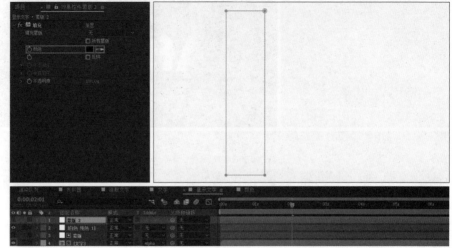

图4-113

添加复合模糊效果

选择"蒙版2"层和"白色纯色1"层并按快捷键Ctrl+Shift+C进行预合成，将所有属性移动到新层中，将其命名为"模糊"。按快捷键Ctrl+Alt+Y新建"调整图层2"，将其放在"模糊"层下，隐藏"模糊"层，选择"调整图层2"并为其添加"复合模糊"效果，设置"模糊图层"为"1.模糊"、"最大模糊"为5，如图4-114所示。

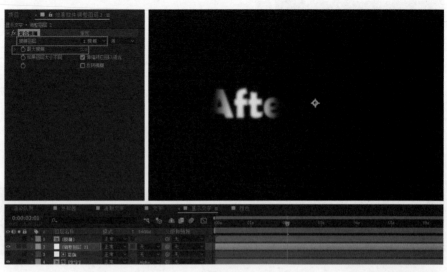

图4-114

添加分形杂色效果

在"项目"面板中选择"模糊"合成并按快捷键Ctrl+D复制该合成。选择"模糊2"合成并按Enter键，将其重命名为"置换图"。双击"置换图"合成，选择纯色层并为其添加"分形杂色"效果，设置"对比度"为150。按住Alt键单击"演化"左侧的码表🕑，激活表达式，输入time*100，如图4-115所示。

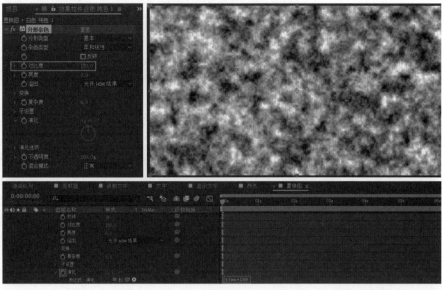

图4-115

添加置换图效果

01 显示"文字"合成，从"项目"面板中将"置换图"合成拖曳到"时间轴"面板中并隐藏。选择"调整图层2"，为其添加"置换图"效果，设置"置换图层"为"5.置换图"、"最大水平置换"为10、"最大垂直置换"为10，如图4-116所示。

图4-116

02 双击"置换图"合成，设置纯色层下的"分形杂色"下的"变换"下的"缩放"为5，如图4-117所示。

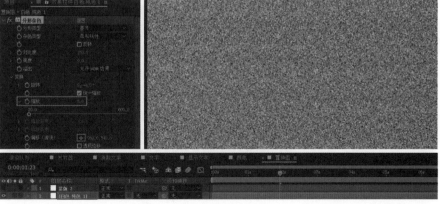

图4-117

添加固态层合成和发光效果

回到"消散文字"合成，选择Stardust层并为其添加"固态层合成"效果，设置"颜色"为黑色；添加"发光"效果，设置"发光半径"为80、"发光操作"为"滤色"、"发光颜色"为"A和B颜色"、"颜色循环"为"锯齿A>B"，修改"颜色A"和"颜色B"，如图4-118所示。

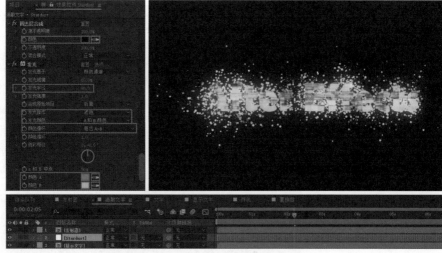

图4-118

添加Force力节点

01 添加Force(力)节点，连接Turbulence(湍流)节点，设置Gravity(重力)为－150，如图4-119所示。

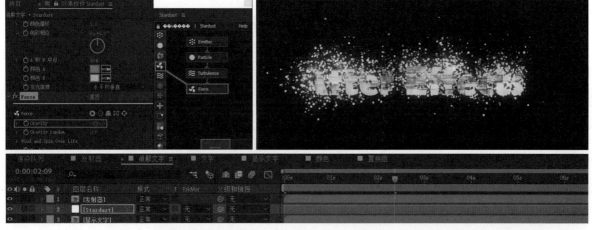

图4-119

02 将"发射器"层放在Stardust层下，设置Stardust层的混合模式为"相加"，勾选Stardust下Render Settings(渲染设置)下的Motion Blur(运动模糊)下的On/Off(开/关)，如图4-120所示。

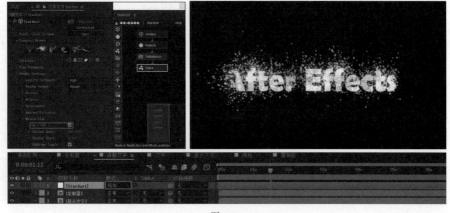

图4-120

预览、输出

将时间线放在0秒处并按Space键预览效果。将时间线放在0秒处，按快捷键Ctrl+M跳转到"渲染队列"，面板设置"输出模块"为"自定义：QuickTime"、"输出到"为"消散文字.mov"，单击"消散文字.mov"，在弹出的"将影片输出到："对话框中设置导出路径和文件名，保存后单击面板右上角的"渲染"按钮（ 渲染 ），如图4-121所示。

图4-121

4.9 立体金属字（使用Element插件）

实例位置	实例文件 > CH04 > 立体金属字（使用Element插件）
教学视频	立体金属字（使用Element插件）.mp4
学习目标	掌握UV贴图的使用方法

新建合成

新建合成，将"合成名称"设置为"金属字"，设置合成大小为1920px×1080px、"持续时间"为10秒，单击"确定"按钮，如图4-122所示。

输入文字

按快捷键Ctrl+T激活"文字工具" T，输入文字After Effects，调整字体、大小，使文字"对齐"合成中心，如图4-123所示。

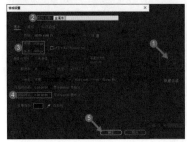

图4-122   图4-123

添加Element插件

按快捷键Ctrl+Y新建纯色层，并将其命名为E3D，为其添加Video Copilot-Element效果，设置Custom Layers（自定义图层）中Custom Text and Masks（自定义文本和蒙版）的Path Layer 1（路径图层1）为2.After Effects，单击Scene Setup（场景设置）按钮 **Scene Setup**，如图4-124所示。

图4-124

挤压模型

单击EXTRUDE（挤压） **EXTRUDE**，单击右侧Extrusion Model（挤压模型）下的Bevel1（斜面1），设置Expand Edges（展开边）为–0.69、Bevel Depth（倒角深度）为0.86、Bevel Segments（斜边片段）为6、Bevel Curve（斜边曲线）为0.8，选择Extrusion Model（挤压模型）并按Enter键，将其重命名为Front，如图4-125所示。

图4-125

赋予物体材质

设置Front下的材质球Bevel（斜面）的Extrude（挤压）为2。选择Front并单击鼠标右键，执行Duplicate Model（复制模型）菜单命令；选择下层Front并按Enter键，将其重命名为Mid，在合成中调整文字的位置和角度。选择Mid并单击鼠标右键，执行Duplicate Model（复制模型）菜单命令；选择下层Mid并按Enter键，将其重命名为Back；选择Back沿z轴向后移动，选择两个材质球并指定给3个物体的Bevel（斜面），如图4-126所示。

图4-126

设置UV贴图

01 单击Back下的UV Mapping(UV贴图)，设置Texture Mapping(纹理贴图) 为Box Repeat(方框复制)、UV Repeat(UV复制) 为（2,2），如图4-127所示。

图4-127

02 单击Mid下的UV Mapping(UV贴图)，设置Texture Mapping(纹理贴图) 为Box Repeat(方框复制)、UV Repeat(UV复制) 为（2,2），如图4-128所示。

图4-128

03 单击Front下的UV Mapping(UV贴图)，设置Texture Mapping(纹理贴图) 为Box Repeat(方框复制)、UV Repeat(UV复制) 为（2,2），如图4-129所示。

图4-129

添加分形杂色效果

01 按快捷键Ctrl+N新建合成，设置"合成名称"为"分形"、合成大小为1080px×1080px、"持续时间"为10秒。按快捷键Ctrl+Y新建纯色层，并将其命名为"分形"，为其添加"分形杂色"效果，设置"分型类型"为"动态"、"杂色类型"为"块"，勾选"反转"，设置"对比度"为250、"亮度"为－10、"变换"的"缩放"为380。在0秒处将"偏移（湍流）"设置为（2196,953），并设置关键帧，继续设置"复杂度"为5，如图4-130所示。按住Alt键单击"演化"左侧的码表 ，激活表达式，输入time*240。

02 在结束帧处设置"偏移（湍流）"为（5552,953），让其向右移动，如图4-131所示。

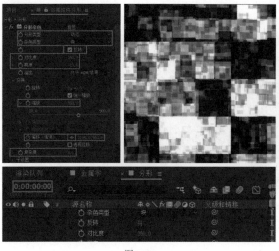

图4-130

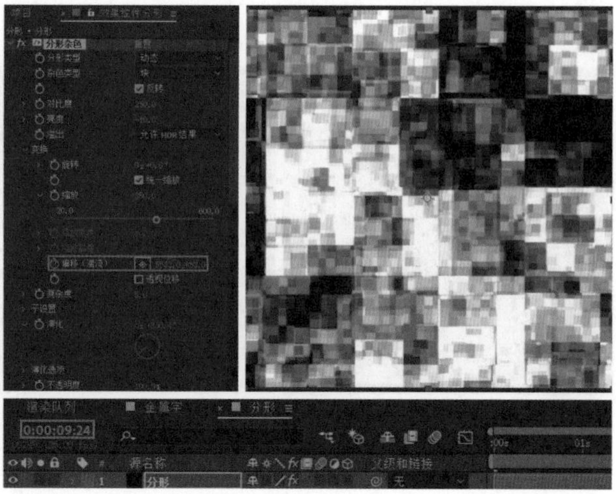

图4-131

添加查找边缘和曲线效果

添加"查找边缘"效果，勾选"反转"。添加"曲线"效果，切换通道并调整曲线，以修改颜色，如图4-132所示。

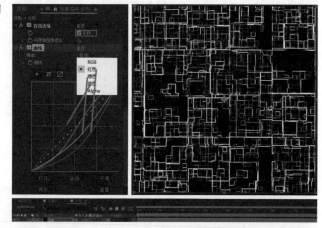

图4-132

自定义纹理贴图

01 回到"金属字"合成，从"项目"面板将"分形"合成拖曳到"时间轴"面板中并隐藏，设置Element下的Custom Texture Maps（自定义纹理贴图）下的Layer1（图层1）为"3.分形"，单击Scene Setup（场景设置）按钮 **Scene Setup**，如图4-133所示。

图4-133

02 单击Mid下的材质球，选择Textures(纹理)，设置Diffuse(漫射)为Custom Layer1(自定义图层1)，如图4-134所示。

图4-134

创建平面背景

单击Mid下的材质球，设置Advanced(高级的)下的Blend Mode(混合模式)为Screen(屏幕)，单击上方的CREATE按钮 创建平面，将平面放在文字后面作为背景，如图4-135所示。

图4-135

设置UV贴图

单击左侧Presets(预设)下的Materials(材质)下的Starfall Pro Shaders-Metal(金属)，选择材质球并拖曳给右侧Plane Model(平面模型)下的材质球。选择UV Mapping(UV贴图)，设置Texture Mapping(纹理贴图)为Plane XZ(平面XZ)、UV Repeat(UV复制)为(8,8)，如图4-136所示。

图4-136

设置反射模式

01 单击Plane Model下的Reflect Mode(反射模式)，设置Mode(模式)为Mirror Surface(镜面)，如图4-137所示。

图4-137

02 单击Back下的Reflect Mode(反射模式)，设置Mode(模式) 为Spherical(圆的)，如图4-138所示。

图4-138

03 单击Mid下的Reflect Mode(反射模式)，设置Mode(模式) 为Spherical(圆的)，如图4-139所示。

图4-139

04 单击Front下的Reflect Mode(反射模式)，设置Mode(模式) 为Spherical(圆的)，如图4-140所示。

图4-140

05 单击Plane Model(平面模型) 下的材质球，选择左侧Presets(预设) 中Environment(环境) 的Basic_2K-Basic_2K_02。单击上方的 ENVIRONMENT按钮 ，设置Saturation(饱和度) 为 – 100%，单击OK按钮，如图4-141所示。

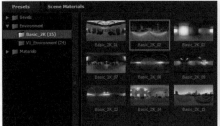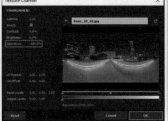

图4-141

创建摄像机并调整位置

01 按快捷键Ctrl+Alt+Shift+C创建摄像机，按快捷键Ctrl+Alt+Shift+Y创建空对象，将摄像机关联空对象，选择"空1"层，打开三维开关，并调整摄像机的位置。调整E3D层中Render Settings（渲染设置）下的Physical Environment（物理环境）下的Rotate Environment（旋转环境），在结束帧处设置X/Y/Z Rotation（*x/y/z*轴旋转）为1x+0°并设置关键帧，设置Output（输出）下的Render Mode（渲染模式）为Preview（预视），如图4-142所示。

图4-142

02 在0秒处设置X/Y/Z Rotation（*x/y/z*轴旋转）为0x+0°，如图4-143所示。

图4-143

03 单击Scene Setup（场景设置）按钮 Scene Setup ，选择Back下的材质球，设置Textures（纹理）下的Glossiness（光泽）为80%，如图4-144所示。

图4-144

04 选择Mid下的材质球，在Illumination(照明)下启用Use Diffuse Color(使用反射颜色)，设置Intensity(强度)为100%，如图4-145所示。

图4-145

05 选择Plane Model下的材质球，设置Reflectivity(反射率)的Color(颜色)为蓝色，如图4-146所示。

图4-146

添加曲线和曝光度效果

01 选择E3D层并按快捷键Ctrl+D复制该层。选择上层E3D层将其显示，为其添加"曲线"效果，通过调整曲线来增加对比度；添加"曝光度"效果，设置"曝光度"为0.24，如图4-147所示。

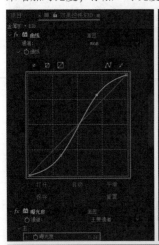

图4-147

02 选择上层E3D层并为其添加"发光"效果，设置"发光阈值"为35%、"发光半径"为100、"发光强度"为0.2。选择"发光"效果并按快捷键Ctrl+D复制该效果，设置"发光2"的"发光半径"为300。设置上层E3D层的混合模式为"叠加"，如图4-148所示。

图4-148

03 按C键激活"摄像机工具" ，并调整位置和大小。选择"空1"层并按R键调出旋转属性，在0秒处设置"X轴旋转"为0x+30°并设置关键帧，如图4-149所示。

图4-149

04 在2秒7帧处设置"Y轴旋转"为0x+45°，并设置关键帧，如图4-150所示。

图4-150

05 在4秒13帧处设置"X轴旋转"为0x+0°，如图4-151所示。

图4-151

06 在5秒21帧处设置"Y轴旋转"为0x-40°，如图4-152所示。

图4-152

07 在8秒3帧处设置"X轴旋转"为0x-18°、"Y轴旋转"为0x-18°，如图4-153所示。

图4-153

08 在"时间轴"面板按快捷键Ctrl+A全选层，按快捷键Ctrl+Shift+C进行预合成，将所有属性移动到新层中，并将其命名为"金属字"。按快捷键Ctrl+Alt+Y新建"调整图层1"，为其添加"曲线"效果，切换通道并调整曲线，以修改颜色，如图4-154所示。

图4-154

预览、输出

将时间线放在0秒处并按Space键预览效果。将时间线放在0秒处，按快捷键Ctrl+M跳转到"渲染队列"面板，设置"输出模块"为"自定义:QuickTime"、"输出到"为"金属字.mov"，单击"金属字.mov"，在弹出的"将影片输出到:"对话框中设置导出路径和文件名，保存后单击面板右上角的"渲染"按钮 渲染 ，如图4-155所示。

图4-155

4.10　3D破碎文字（使用Element插件）

实例位置	实例文件＞CH04＞破碎文字（使用Element插件）
教学视频	破碎文字（使用Element插件）.mp4
学习目标	掌握破碎效果的制作方法

4.11　图片汇聚文字（使用Trapcode Form插件）

实例位置	实例文件＞CH04＞图片汇聚文字（使用Trapcode Form插件）
教学视频	图片汇聚文字（使用Trapcode Form插件）.mp4
学习目标	掌握汇聚效果的制作方法

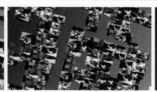

4.12 钻石汇聚文字（使用Element插件）

实例位置	实例文件 > CH04 > 钻石汇聚文字（使用Element插件）
教学视频	钻石汇聚文字（使用Element插件）.mp4
学习目标	掌握钻石质感的制作方法

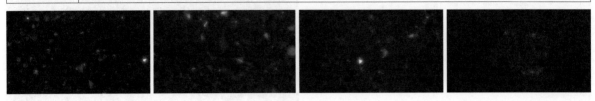

4.13 撕裂划痕文字（使用Trapcode Particular、Saber插件）

实例位置	实例文件 > CH04 > 撕裂划痕文字（使用Trapcode Particular、Saber插件）
教学视频	撕裂划痕文字（使用Trapcode Particular、Saber插件）.mp4
学习目标	掌握撕裂效果的制作方法

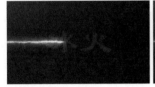

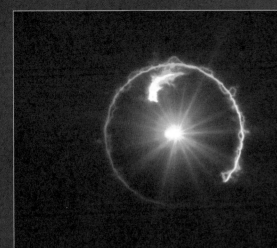
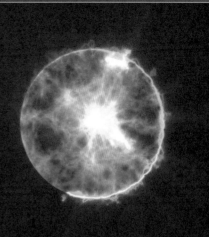

第**5**章 电流动画效果

■ 学习目的

　　电流动画效果常配合音效用于宣传片的片头、片尾等地方，也经常用在游戏、动画和影视制作中，这种动画效果能给人一种震撼的感觉，其制作要点是修改动画的混合模式。

■ 主要内容

- 电流字
- 闪电球
- 指尖电流
- 闪电球动画

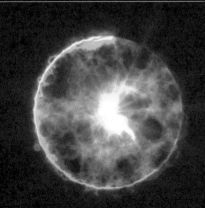

5.1 电流字

实例位置	实例文件 > CH05 > 电流字
教学视频	电流字.mp4
学习目标	掌握添加"湍流置换"效果的方法

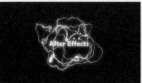

新建合成

新建合成,将"合成名称"设置为"电流字",设置合成大小为1920px×1080px、"持续时间"为10秒,单击"确定"按钮,如图5-1所示。

输入文字并设置

按快捷键Ctrl+T激活"文字工具"**T**,输入文字After Effects,调整字体和大小,使文字对齐合成中心。按快捷键Ctrl+Y新建纯色层,将其命名为BG,设置为深色,并放在文字层下,如图5-2所示。

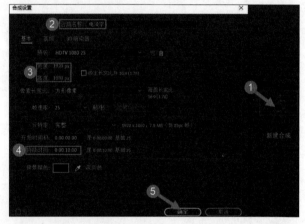

图5-1

图5-2

创建形状层

选择文字层并按快捷键Ctrl+Shift+C进行预合成,将所有属性移动到新层中,并将其命名为"文字"。在不选择任何层的情况下,按住Ctrl+Shift+Alt键用"椭圆工具"**⬭**在合成中心拖曳,绘制一个圆形,设置"填充"为"无"、"描边"为白色和11像素。在1秒处为"大小"和"描边宽度"设置关键帧,如图5-3所示。

图5-3

设置形状层属性

在0秒处设置"大小"为（0,0）、"描边宽度"为0；按U键调出所有关键帧的属性，框选关键帧并按F9键添加缓动，如图5-4所示。

图5-4

添加湍流置换效果

01 让形状层单独显示，为其添加"湍流置换"效果，设置"数量"为100、"复杂度"为3.5，在0秒处设置"演化"为0x+0°，并设置关键帧，如图5-5所示。

图5-5

02 在结束帧处设置"演化"为6x+0°，如图5-6所示。

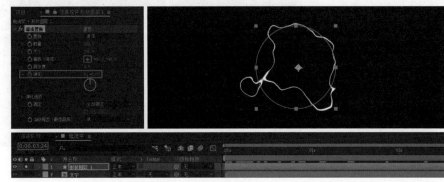

图5-6

复制形状层并修改属性

01 选择形状层并按快捷键Ctrl+D复制该层。选择"形状图层2"层，修改"描边"的颜色，设置"复杂度"为4.5，在结束帧处设置"演化"为5x+0°，如图5-7所示。

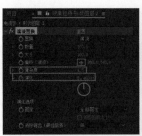

图5-7

02 选择"形状图层2"层并按快捷键Ctrl+D复制该层。选择"形状图层3"层并修改"描边"的颜色；按U键调出所有关键帧的属性，在1秒处设置"大小"为（360，360）。设置"湍流置换"的"数量"为95、"大小"为180，如图5-8所示。

图5-8

03 选择"形状图层3"层并按快捷键Ctrl+D复制该层。选择"形状图层4"层并修改"描边"的颜色。设置"湍流置换"的"数量"为93、"大小"为129，在结束帧处设置"演化"为4x+0°，如图5-9所示。

图5-9

绘制弧线

01 选择文字层并按S键调出"缩放"属性，设置"缩放"为（49%，49%）。在不选择任何层的情况下用"钢笔工具" 绘制一条弧线连接文字，在"添加"中选择"修剪路径"，在0秒处设置"结束"为0%，如图5-10所示。

图5-10

02 在第2帧处设置"开始"为0%、"结束"为100%，如图5-11所示。

图5-11

03 在第4帧处设置"开始"为100%，如图5-12所示。

图5-12

复制湍流置换效果

01 选择"形状图层1"层的"湍流置换"效果，按快捷键Ctrl+C复制，选择"形状图层5"层（绘制的弧线），按快捷键Ctrl+V粘贴，设置"数量"为138、"大小"为95，如图5-13所示。

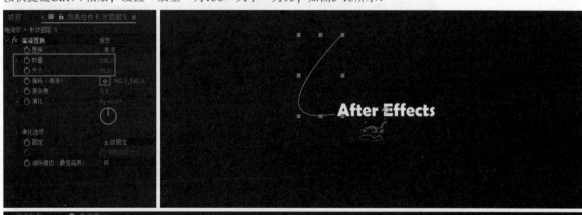

图5-13

02 选择文字层并按T键调出"不透明度"属性，在0秒处设置"不透明度"为0%并设置关键帧，如图5-14所示。

图5-14

03 在第8帧处设置"不透明度"为100%。选择"形状图层1"层的"湍流置换"效果并按快捷键Ctrl+C复制,选择文字层并按快捷键Ctrl+V粘贴,设置"数量"为－20并设置关键帧,设置"大小"为35并设置关键帧,设置"复杂度"为2.1并设置关键帧,如图5-15所示。

图5-15

04 在1秒处设置文字层中"湍流置换"的"数量"为0、"复杂度"为1,如图5-16所示。

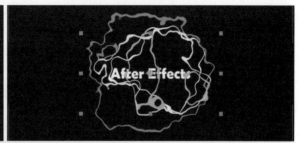

图5-16

05 选择"形状图层5"层(绘制的弧线)并按快捷键Ctrl+D复制该层。选择"形状图层6"层并修改弧线,设置"湍流置换"的"数量"为138、"大小"为40、"复杂度"为1.8,在1秒7帧处按快捷键Alt+]剪掉后面的部分,如图5-17所示。

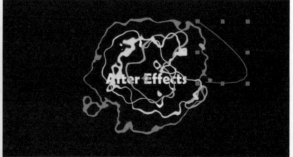

图5-17

06 选择"形状图层6"层并按快捷键Ctrl+D复制该层。选择"形状图层7"层并修改弧线，让时间从1秒20帧开始，如图5-18所示。

图5-18

添加发光效果

按快捷键Ctrl+Alt+Y新建"调整图层1"层，并为其添加"发光"效果，设置"发光阈值"为30%、"发光半径"为60，如图5-19所示。

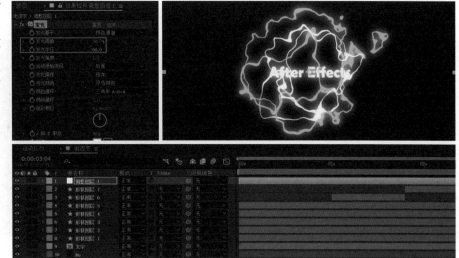

图5-19

预览、输出

将时间线放在0秒处并按Space键预览效果。将时间线放在0秒处，按快捷键Ctrl+M跳转到"渲染队列"面板，设置"输出模块"为"自定义:QuickTime"、"输出到"为"电流字.mov"，单击"电流字.mov"，在弹出的"将影片输出到:"对话框中设置导出路径和文件名，保存后单击面板右上角的"渲染"按钮 渲染 ，如图5-20所示。

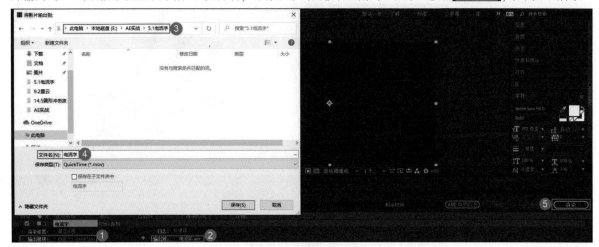

图5-20

5.2 指尖电流

实例位置	实例文件 > CH05 > 指尖电流
教学视频	指尖电流.mp4
学习目标	掌握跟踪点的设置方法

新建合成

新建合成，将"合成名称"设置为"指尖电流"，设置合成大小为1920px×1080px、"持续时间"为10秒，单击"确定"按钮，如图5-21所示。

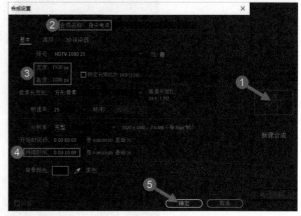

图5-21

导入素材

按快捷键Ctrl+I导入素材并将其拖曳到"时间轴"面板中，为其添加"曲线"效果，调整曲线以增加对比度。按快捷键Ctrl+Alt+Shift+Y创建空对象，按Enter键将其重命名为"大指"，让方框的左上角对齐大拇指上的小黑点；选择"大指"层并按快捷键Ctrl+D复制该层，按Enter键将其重命名为"食指"，让方框的左上角对齐食指上的小黑点；选择"食指"层并按快捷键Ctrl+D复制该层，按Enter键将其重命名为"中指"，让方框的左上角对齐中指上的小黑点；选择"中指"层并按快捷键Ctrl+D复制该层，按Enter键将其重命名为"无名指"，让方框的左上角对齐无名指上的小黑点；选择"无名指"层并按快捷键Ctrl+D复制该层，按Enter键将其重命名为"小指"，让方框的左上角对齐小指上的小黑点。效果如图5-22所示。

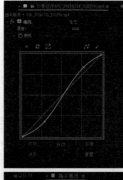 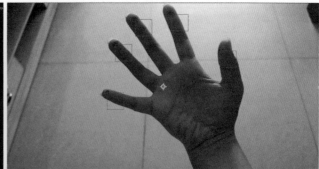

图5-22

调整跟踪点

01 选择素材并单击右侧的"跟踪运动" 跟踪运动 ，将时间线放在0秒处，滚动滚轮放大素材，将跟踪点放在
大拇指小黑点的中心处。单击"向
前分析"(播放键) ▶ ，在0~10秒微
调未对齐的跟踪点。按PageDown
键跳转到下一帧，让每一帧的跟踪
点对齐小黑点的中心，单击"编辑
目标" 编辑目标 ，选择"大指"
层，单击"应用" 应用 ，设置
"应用维度"为X和Y，如图5-23所示。

图5-23

02 回到"合成"面板，选择素材并单击"跟踪运动"按钮 跟踪运动 ，将时间线拖曳到0秒处，滚动滚轮放大素
材，将跟踪点放在食指小黑点的中心处。单击"向前分析"按钮▶ ，在0~10秒微调未对齐的跟踪点。按
PageDown键跳转到下一帧，让每一帧的跟踪点都对齐小黑点的中心，单击"编辑目标"按钮 编辑目标 ，选择
"食指"层，单击"应用"按钮 应用 ，在弹出的对话框中设置"应用维度"为X和Y，如图5-24所示。

图5-24

03 回到"合成"面板，选择素材并单击"跟踪运动"按钮 跟踪运动 ，将时间线放在0秒处，滚动滚轮放大素
材，将跟踪点放在中指小黑点的中心处。单击"向前分析"按钮▶ ，在0~10秒微调未对齐的跟踪点。按
PageDown键跳转到下一帧，让每一帧的跟踪点都对齐小黑点的中心，单击"编辑目标"按钮 编辑目标 ，选择
"中指"层，单击"应用"按钮 应用 ，在弹出的对话框中设置"应用维度"为X和Y，如图5-25所示。

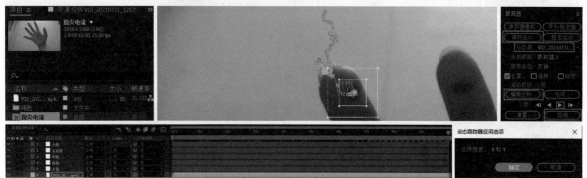

图5-25

04 回到"合成"面板，选择素材并单击右侧的"跟踪运动"按钮 跟踪运动 ，将时间线放在0秒处，滚动滚轮放大素材，将跟踪点放在无名指小黑点的中心处。单击"向前分析"按钮 ▶ ，在0~10秒微调未对齐的跟踪点。按

PageDown键跳转到下一帧，让每一帧的跟踪点对齐小黑点的中心，单击"编辑目标"按钮 编辑目标 ，选择"无名指"层，单击"应用"按钮 应用 ，在弹出的对话框中设置"应用维度"为X和Y，如图5-26所示。

图5-26

05 回到合成面板，选择素材并单击右侧的"跟踪运动" 跟踪运动 ，将时间线放在0秒处，滚动滚轮放大素材，将跟踪点放在小指小黑点的中心处。单击"向前分析"按钮 ▶ ，在0~10秒微调未对齐的跟踪点。按PageDown键跳转到下一帧，让每一帧的跟踪点对齐小黑点的中心，单击"编辑目标"按钮 编辑目标 ，选择"小指"层，单击"应用"按钮 应用 ，在弹出的对话框中设置"应用维度"为X和Y，如图5-27所示。

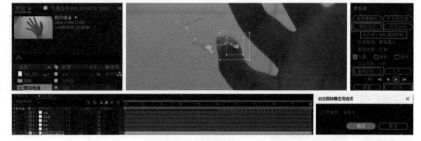

图5-27

添加高级闪电效果

按住Shift键选择"小指"到"大指"的5个层，按P键调出"位置"属性。按快捷键Ctrl+Y新建纯色层，将其命名为"电流1"，添加"高级闪电"效果。设置"闪电类型"为"双向击打"、"核心设置"的"核心半径"为3、"发光设置"的"发光半径"为20，修改"发光颜色"。按住Alt键单击"源点"和"方向"左侧的码表 ⏱ ，激活表达式，让"电流1"中"高级闪电"的"源点"关联"大指"的"位置"属性，让"电流1"中"高级闪电"的"方向"关联"食指"的"位置"属性，如图5-28所示。

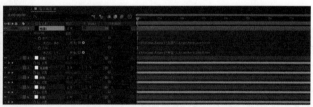

图5-28

复制层并修改关联对象

01 选择"电流1"层，按快捷键Ctrl+D复制该层。选择"电流2"层，按E键调出表达式属性并修改，让"电流2"中"高级闪电"的"方向"关联"中指"的"位置"属性，如图5-29所示。

图5-29

02 选择"电流2"层，按快捷键Ctrl+D复制该层。选择"电流3"层，按E键调出表达式属性并修改，让"电流3"中"高级闪电"的"方向"关联"无名指"的"位置"属性，如图5-30所示。

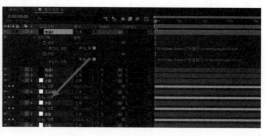

图5-30

03 选择"电流3"层，按快捷键Ctrl+D复制该层。选择"电流4"层，按E键调出表达式属性并修改，让"电流4"中"高级闪电"的"方向"关联"小指"的"位置"属性，如图5-31所示。

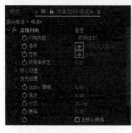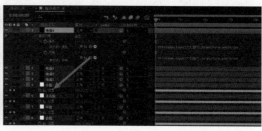

图5-31

处理细节

01 按快捷键Ctrl+Y新建纯色层，设置"颜色"为白色，并命名为"光源"，修改层的混合模式（能看到素材即可）。选择"光源"层，用"钢笔工具" ![钢笔] 勾画，盖住小指上的小黑点。按F键调出"蒙版羽化"属性，设置"蒙版羽化"为（20像素,20像素），将"光源"层移动到电流层下，如图5-32所示。

图5-32

02 选择"光源"层，按快捷键Ctrl+D复制4层，分别将它们移动到其他手指上并覆盖住小黑点，如图5-33所示。

图5-33

预览、输出

将时间线放在0秒处，按Space键预览效果。将时间线放在0秒处，按快捷键Ctrl+M跳转到"渲染队列"面板，设置"输出模块"为"自定义：QuickTime"、"输出到"为"指尖电流.mov"，单击"指尖电流.mov"，在弹出的"将影片输出到："对话框中设置导出路径和文件名，保存后单击面板右上角的"渲染"按钮 ![渲染]，如图5-34所示。

图5-34

5.3 闪电球

实例位置	实例文件 > CH05 > 闪电球
教学视频	闪电球.mp4
学习目标	掌握添加"分形杂色"效果的方法

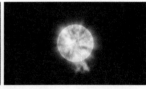

新建合成

新建合成，将"合成名称"设置为"闪电球"，设置合成大小为1920px×1080px、"持续时间"为10秒，单击"确定"按钮，如图5-35所示。

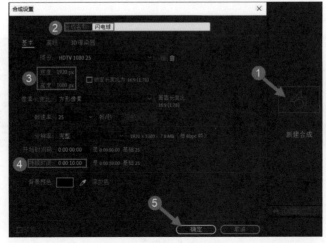

图5-35

添加分形杂色效果

按快捷键Ctrl+Y新建纯色层，将其命名为"分形"，为其添加"分形杂色"效果。使用"椭圆工具"  在合成中心拖曳，按住快捷键Ctrl+Shift+Alt绘制一个圆形，设置"亮度"为10。按住Alt键单击"演化"左侧的码表 ，激活表达式，输入time*400，如图5-36所示。

图5-36

蒙版扩展从无到有

01 设置5秒处的"蒙版扩展"为0像素并设置关键帧，如图5-37所示。

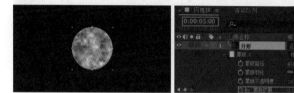

图5-37

02 在0秒处设置"蒙版扩展"为−246像素，直到完全看不见蒙版，如图5-38所示。

图5-38

添加Shine插件

为"分形"层添加RG Trapcode-Shine(红巨人光线插件Shine)效果，设置Boost Light(光线亮度)为2、Colorize(着色)为Flashlight，如图5-39所示。

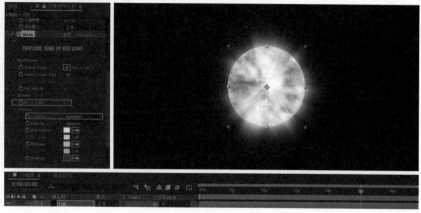

图5-39

添加高级闪电效果

01 为"分形"层添加"高级闪电"效果，设置"闪电类型"为"随机"、"源点"为合成中心，继续设置"外径"(闪电范围)。在结束帧处设置"传导率状态"为20并设置关键帧，为"外径"设置关键帧，如图5-40所示。

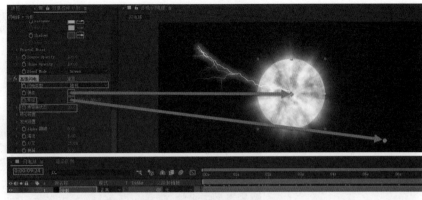

图5-40

02 在0秒处将"外径"设置为合成的中心，设置"传导率状态"为0；在"发光设置"中修改"发光颜色"，如图5-41所示。如果需要把闪电球合成到实景中，则可以按快捷键Ctrl+I导入素材，根据情况修改"模拟闪电球"合成的混合模式、大小和位置。

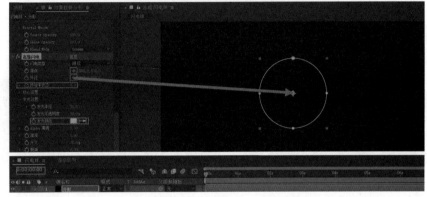

图5-41

预览、输出

回到"闪电球"合成，将时间线拖曳到0秒处并按Space键预览效果。将时间线拖曳到0秒处，按快捷键Ctrl+M跳转到"渲染队列"面板，设置"输出模块"为"自定义:QuickTime"、"输出到"为"闪电球.mov"，单击"闪电球.mov"，在弹出的"将影片输出到:"对话框中设置导出路径和文件名，保存后单击面板右上角的"渲染"按钮（渲染），如图5-42所示。

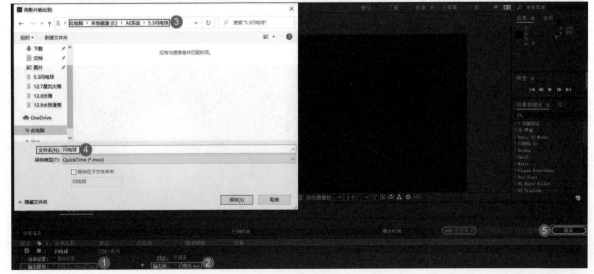

图5-42

5.4 闪电球动画

实例位置	实例文件 > CH05 > 闪电球动画
教学视频	闪电球动画.mp4
学习目标	掌握辉光颜色的使用方法

新建合成

新建合成，将"合成名称"设置为"闪电球动画"，设置合成大小为1920px×1080px、"持续时间"为10秒，单击"确定"按钮，如图5-43所示。

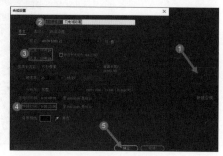

图5-43

绘制蒙版

按快捷键Ctrl+Y新建纯色层，并将其命名为saber。选择"椭圆工具" ，选中Saber层，从合成中心往外拖曳，按住快捷键Ctrl+Shift+Alt绘制一个圆形，如图5-44所示。

图5-44

添加Saber效果

01 选中saber层，并为其添加Saber效果，设置"预设"为"电流"、"自定义主体"下的"主体类型"为"遮罩图层"。按住Alt键单击"遮罩演变"左侧的码表 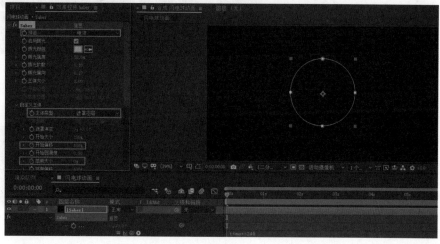，激活表达式，输入time*–240。在0秒处设置"开始偏移"为100%并设置关键帧，设置"结束大小"为0%并设置关键帧，如图5-45所示。

图5-45

02 在第17帧处设置"开始偏移"为0%，如图5-46所示。

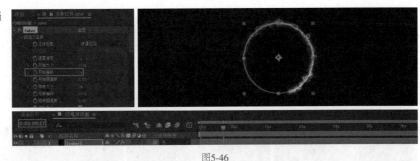

图5-46

添加分形杂色效果

选择saber层，按快捷键Ctrl+D复制该层。按Enter键将其重命名为"分形"，删除Saber效果，设置"分形"层的混合模式为"相加"(若没有混合模式就按F4键切换)。添加"分形杂色"效果，设置"分型类型"为动态，勾选"反转"，设置"对比度"为130、"亮度"为-25。按住Alt键单击"演化"左侧的码表 ⏱，激活表达式，输入time*180，如图5-47所示。

图5-47

添加曲线效果

选择"分形"层，为其添加"曲线"效果，切换通道，增加绿色和蓝色，减少红色，如图5-48所示。

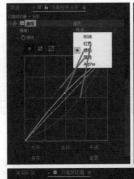
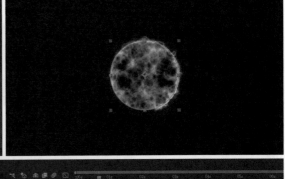

图5-48

不透明度关键帧动画

01 选择"分形"层，按T键调出"不透明度"属性，设置第17帧的"不透明度"为0%并设置关键帧，如图5-49所示。

图5-49

02 按PageDown键跳到下一帧（在第18帧处），设置"不透明度"为100%，如图5-50所示。

图5-50

03 按PageDown键跳到下一帧（在第19帧处），设置"不透明度"为80%，如图5-51所示。

图5-51

04 选择第18帧和第19帧并按快捷键Ctrl+C复制，在1秒处按快捷键Ctrl+V粘贴。按快捷键Ctrl+T激活"文字工具"，输入英文S，让文字与合成中心对齐，并调整字体和大小，如图5-52所示。

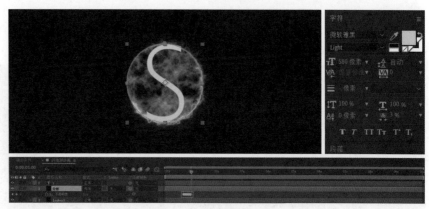

图5-52

复制层并修改表达式

01 选择saber层，按快捷键Ctrl+D复制，将复制的层重命名为S saber，并设置其混合模式为"相加"。将S saber层中Saber效果的"自定义主体"下的"主体类型"修改为"文字图层"，设置"文字图层"为1.S。选择S saber层，按E键调出表达式属性，修改表达式为time*－360，设置"开始大小"为155%、"结束偏移"为6%，取消"开始偏移"的关键帧，设置"闪烁强度"为400%、"闪烁速度"为25，隐藏文字层，如图5-53所示。

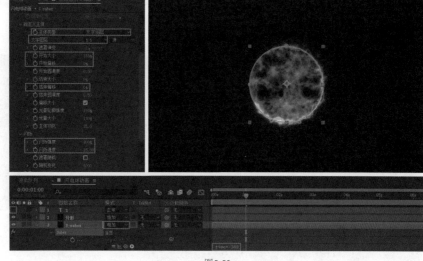

图5-53

02 选择S saber层，按快捷键Ctrl+D复制该层，将复制的层重命名为S saber 2。选择S saber层和S saber 2层，按快捷键Ctrl+D复制得到S saber 3层和S saber 4层。选择S saber 3和S saber 4层，修改Saber的"演化"表达式，输入time*180，如图5-54所示。

图5-54

添加Optical Flares效果

01 按快捷键Ctrl+A全选层，按快捷键Ctrl+Shift+C进行预合成，将所有属性移动到新层中，并将其命名为"文字"。设置"文字"层的混合模式为"相加"，将"文字"层向右拖曳，从1秒处显示。按快捷键Ctrl+Y新建纯色层，将其命名为OF，为其添加Optical Flares效果，设置"位置XY"为（966.5,540）（合成中心）。在1秒处设置"亮度"为0并设置关键帧，设置混合模式为"相加"，如图5-55所示。

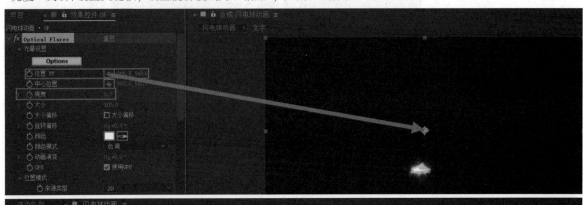

图5-55

02 按PageDown键跳到下一帧（1秒1帧处），设置"亮度"为1，如图5-56所示。

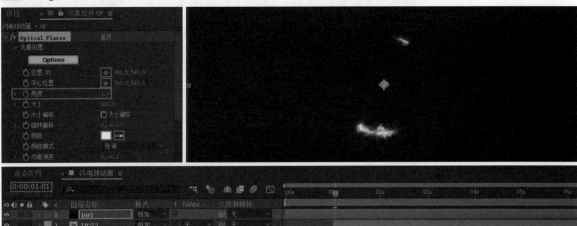

图5-56

03 在1秒15帧处设置"亮度"为80、"颜色"为橙色(可修改),如图5-57所示。

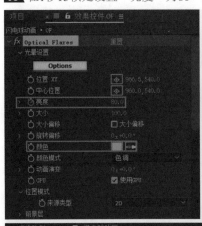
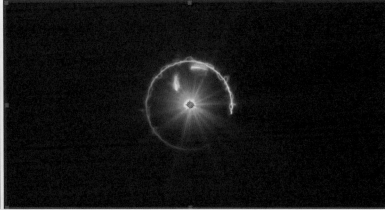

图5-57

预合成

按快捷键Ctrl+A全选层,按快捷键Ctrl+Shift+C进行预合成,并将其命名为"闪电球",将所有属性移动到新层中。选择"闪电球"层,按S键调出"缩放"属性,将合成效果调整到合适的大小,如图5-58所示。

图5-58

修改辉光颜色

01 双击"文字"合成,修改S saber 4层的"辉光颜色",如图5-59所示。

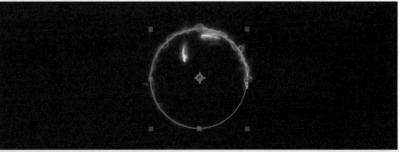

图5-59

02 修改S saber 3层的"辉光颜色",如图5-60所示。

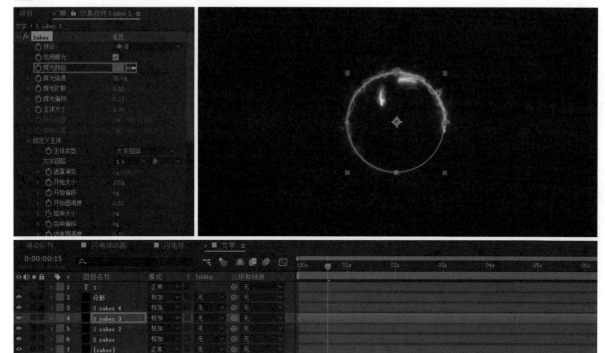

图5-60

预览、输出

回到"闪电球"层,将时间线放在0秒处并按Space键预览效果。将时间线放在0秒处,按快捷键Ctrl+M跳转到"渲染队列"面板,设置"输出模块"为"自定义:QuickTime"、"输出到"为"闪电球动画.mov",单击"闪电球动画.mov",在弹出的"将影片输出到:"对话框中设置导出路径和文件名,保存后单击面板右上角的"渲染"按钮 渲染 ,如图5-61所示。

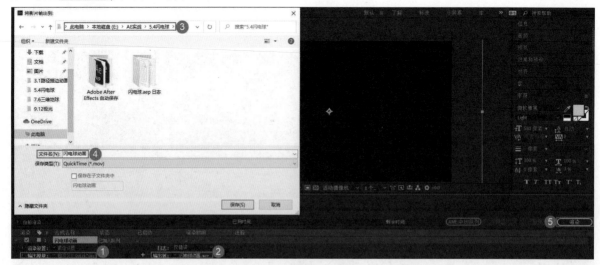

图5-61

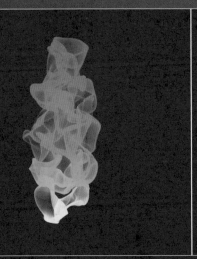

第**6**章 燃烧动画效果

■ 学习目的

　　燃烧动画的应用领域比较广泛，包含游戏、影视、动漫等。在设置"输出模块"时，建议设置"通道"为"RGB+Alpha"，这样可以导出带透明通道的火球素材，便于进行后期合成。

■ 主要内容

· 火焰燃烧　　　　　　　　· 合成燃烧文字

· 核爆效果　　　　　　　　· 粒子火焰

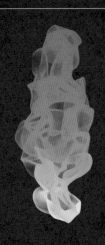
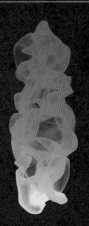

6.1 火焰燃烧

实例位置	实例文件 > CH06 > 火焰燃烧
教学视频	火焰燃烧.mp4
学习目标	掌握添加"锐化"效果的方法

新建合成

新建合成，将"合成名称"设置为"火焰燃烧"，设置合成大小为1920px×1080px、"持续时间"为10秒，单击"确定"按钮，如图6-1所示。

添加CC Particle World效果

01 按快捷键Ctrl+Y新建纯色层，将其命名为"火焰"，设置"颜色"为黑色。添加CC Particle World(CC粒子世界)效果，取消勾选Grid&Grides(网格)的Position(位置)、Radius(半径)、Motion Path(动态路径)、Grid(网格)、Horizon(地平线)和Axis Box(轴箱)；切换为透明网格，设置Physics(物理学)下的Velocity(速率)为0、Gravity(重力)为0、Animation(动画)为Fire(火焰)，如图6-2所示。

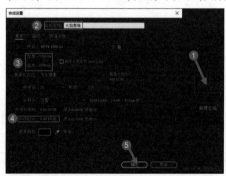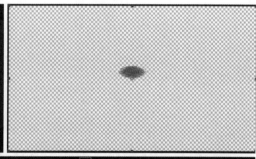

图6-1　　　　　　　　　　　　　　　　　　　图6-2

02 设置Particle Type(粒子类型)为Lens Bubble(镜头泡沫)、Physics(物理学)下的Gravity(重力)为0.15，观察火焰有上升的动画效果，如图6-3所示。

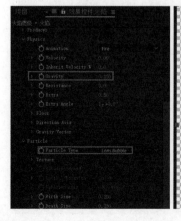

图6-3

添加快速方框模糊效果

01 选中"火焰"层，为其添加"快速方框模糊"效果，设置"模糊方向"为"垂直"、"模糊半径"为24，如图6-4所示。

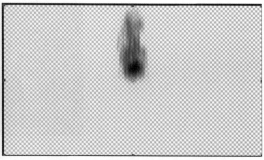

图6-4

02 选中"火焰"层，设置CC Particle World下的Producer（繁殖）下的Position Y（位置Y）为0.12，设置Birth Rate（出生率）为3，如图6-5所示。

图6-5

添加湍流置换效果

选中"火焰"层，为其添加"湍流置换"效果，设置"湍流置换"下的"大小"为10。按住Alt键单击"演化"左侧的码表 ，激活表达式，输入time*250，如图6-6所示。

图6-6

添加色光效果

01 选中"火焰"层，为其添加"色光"效果，设置"获取相位，自"为Alpha，取消勾选"修改"下的"修改 Alpha"，如图6-7所示。

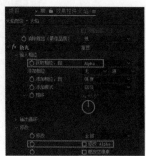
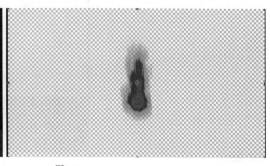

图6-7

02 展开"输出循环",设置"使用预设调板"为"火焰",如图6-8所示。

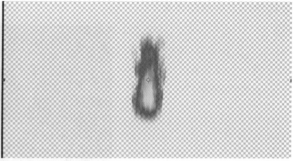

图6-8

添加锐化和发光效果

选中"火焰"层,为其添加"锐化"效果,设置"锐化量"为18;添加"发光"效果,设置"发光阈值"为72%、"发光半径"为105,取消透明网格,如图6-9所示。

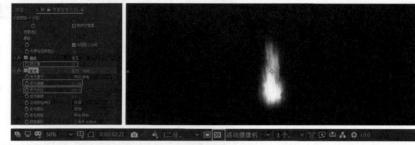

图6-9

合成运用

按快捷键Ctrl+I导入烛台图片素材,将其拖曳到"时间轴"面板中并放在"火焰"层下。选中"火焰"层,按P键和S键调出"位置"和"缩放"属性并修改,选择"烛台.png"层,按P键调出"位置"属性,将烛台图片素材放在合适的位置,如图6-10所示。

图6-10

预览、输出

将时间线放在0秒处,按Space键预览效果。将时间线放在0秒处,按快捷键Ctrl+M跳转到"渲染队列"面板,设置"输出模块"为"自定义:QuickTime"、"输出到"为"火焰燃烧.mov",单击"火焰燃烧.mov",在弹出的"将影片输出到:"对话框中设置导出路径和文件名,保存后单击面板右上角的"渲染"按钮 渲染,如图6-11所示。

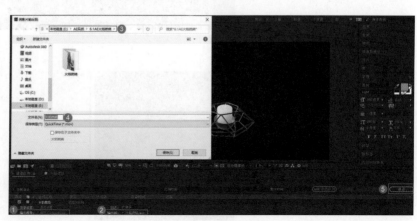

图6-11

6.2 模拟火球

实例位置	实例文件 > CH06 > 模拟火球
教学视频	模拟火球.mp4
学习目标	掌握添加"发光"效果的方法

 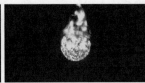  

新建合成

新建合成，将"合成名称"设置为"模拟火球"，设置合成大小为1920px×1080px、"持续时间"为10秒，单击"确定"按钮，如图6-12所示。

创建背景

按快捷键Ctrl+Y新建纯色层，将其命名为BG，设置"颜色"为黑色。按快捷键Ctrl+Y新建纯色层，将其命名为"羽化"，设置"颜色"为深红色。选择"羽化"层，用"椭圆工具"  从中心拖曳，按住快捷键Ctrl+Alt+Shift在合成中心绘制一个圆形，按F键调出"蒙版羽化"属性并设置参数为（400像素,400像素），设置"羽化"层的混合模式为"相加"，如图6-13所示。

图6-12

图6-13

添加分形杂色效果

按快捷键Ctrl+Y新建纯色层，并将其命名为"火焰层"，为其添加"分形杂色"效果，设置"分形类型"为"动态扭转"。按住Alt键单击"演化"左侧的码表，激活表达式，输入time*100，如图6-14所示。

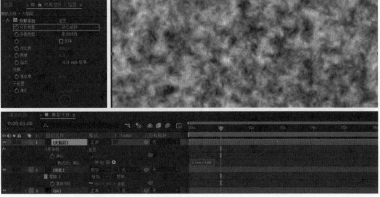

图6-14

添加色阶、三色调效果

选择"火焰层"层,并为其添加"色阶"效果,设置"输入黑色"为100、"输入白色"为160;添加"三色调"效果,设置"高光"为橘黄色、"中间调"为橘红色、"阴影"为深红色,如图6-15所示。

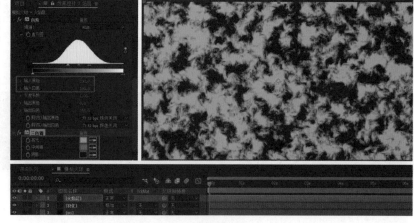

图6-15

添加透视CC Sphere效果

选择"火焰层"层并按快捷键Ctrl+Shift+C进行预合成,将所有属性移动到新层中,并将其命名为"火焰",设置其混合模式为"相加"。选择"火焰"层,为其添加CC Sphere(CC球体)效果,设置Shading(阴影)下的Ambient(环境)为100,如图6-16所示。

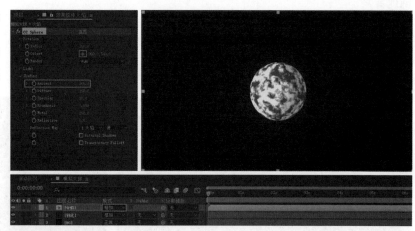

图6-16

添加发光效果

选择"火焰"层,为其添加"发光"效果,设置"发光阈值"为24%、"发光半径"为30、"发光颜色"为"A和B颜色",设置"颜色A"为橙色、"颜色B"为红色,如图6-17所示。

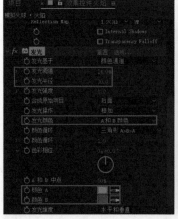

图6-17

添加湍流置换效果

选择"火焰"层，为其添加"湍流置换"效果，设置"大小"为10、"复杂度"为3。按住Alt键单击"演化"左侧的码表，激活表达式，输入time*2.5，如图6-18所示。

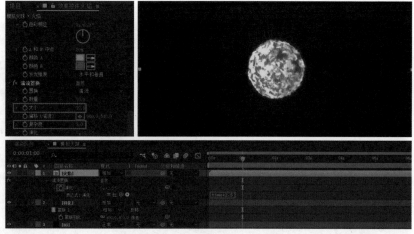

图6-18

制作镜像火球

选择"火焰"层，按快捷键Ctrl+D复制该层。按S键调出"缩放"属性，取消缩放比例模式，设置x轴的"缩放"为-100%、y轴的"缩放"为100%，镜像球体，并将该层后移1秒，如图6-19所示。

图6-19

复制火焰效果

双击"火焰"合成，全选"火焰"层中的效果并按快捷键Ctrl+C复制，回到"模拟火球"合成中，按快捷键Ctrl+Y新建纯色层，将其命名为"大火"，按快捷键Ctrl+V粘贴效果，设置"大火"层的混合模式为"相加"，如图6-20所示。

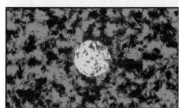

图6-20

添加发光效果

选择"大火"层，为其添加"发光"效果，设置"发光阈值"为30%、"发光半径"为13。选择"发光"效果并按快捷键Ctrl+D，复制得到"发光 2"效果，设置"发光阈值"为23%、"发光半径"为30，如图6-21所示。

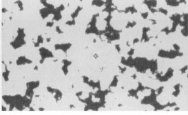

图6-21

绘制火苗

选择"大火"层，用"钢笔工具" ✎ 在火焰上方绘制一个区域，修改"三色调"的颜色，添加"贝塞尔曲线变形"效果进行调整，如图6-22所示。

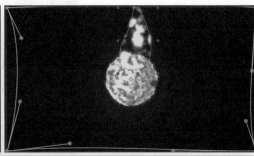

图6-22

添加细节

01 在不选择任何层的情况下用"椭圆工具" ⬭ 在合成中心绘制一个圆形，设置"填充"为黑色、"描边"为"无"。选择形状层并单击鼠标右键，执行"图层样式>内阴影"命令。设置内阴影"颜色"为橙色、"大小"为45，添加"湍流置换"效果，设置"数量"为10、"大小"为30、"复杂度"为3，如图6-23所示。

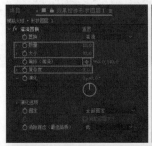
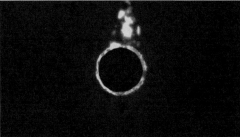

图6-23

02 选择形状层并按快捷键Ctrl+Shift+C进行预合成，将所有属性移动到新层中，并将其命名为"环"，设置其混合模式为"相加"，用"钢笔工具" ✎ 绘制一个区域，按F键调出"蒙版羽化"属性，设置参数值为（180像素,180像素），如图6-24所示。

图6-24

添加快速方框模糊效果

选择"环"层并按快捷键Ctrl+D复制该层，按S键调出"缩放"属性，设置参数值为（86%，86%）；添加"快速方框模糊"效果，设置"模糊半径"为70，如图6-25所示。

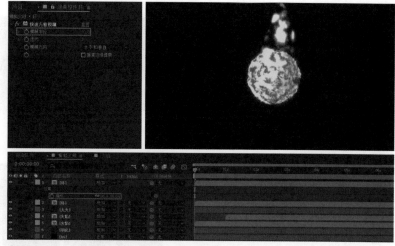

图6-25

添加CC Sphere效果

按快捷键Ctrl+Y新建纯色层，将其命名为"上方火焰"。双击"火焰"合成，选中"火焰"合成中的所有效果并按快捷键Ctrl+C复制。回到"模拟火球"层，选中"上方火焰"层，按快捷键Ctrl+V粘贴，修改"三色调"的颜色；添加CC Sphere(CC球体)效果，设置Radius(半径)为300、Shading(阴影)的Ambient(环境)为100，如图6-26所示。

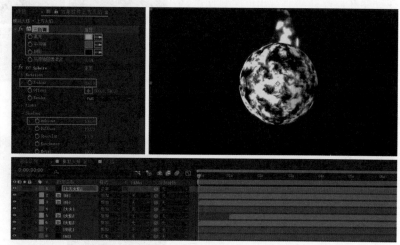

图6-26

添加CC Vector Blur和湍流置换效果

01 选择"上方火焰"层，为其添加CC Vector Blur(CC矢量模糊)效果，设置Amount(数量)为8；添加"湍流置换"效果，设置"数量"为85、"复杂度"为1.8、"大小"为26，如图6-27所示。

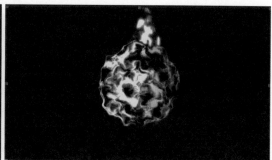

图6-27

02 选择"上方火焰"层，按快捷键Ctrl+Shift+C进行预合成，将所有属性移动到新层中，并将其命名为"上方火焰"，设置混合模式为"相加"。用"钢笔工具" ☑ 绘制一个区域，按F键激活并设置"蒙版羽化"为（65像素，65像素），如图6-28所示。

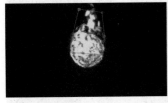

图6-28

添加曲线效果

按快捷键Ctrl+Alt+Y新建"调整图层3"，用"钢笔工具" ☑ 勾画火球上方的火苗，按F键调出"蒙版羽化"，设置参数值为（60像素，60像素）。选择"调整图层3"层并为其添加"快速方框模糊"效果，设置"模糊半径"为8；添加"曲线"效果，通过调整曲线来增加对比度，如图6-29所示。

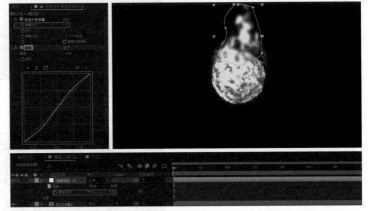

图6-29

制作烟雾

01 按快捷键Ctrl+Y新建纯色层，将其命名为"烟"，为其添加"湍流杂色"效果，展开"变换"属性，在0秒处设置"偏移（湍流）"为（960，540）（默认值）并设置关键帧，如图6-30所示。

图6-30

02 在结束帧处设置"偏移（湍移）"为（960，－82）。按住Alt键并单击"演化"左侧的码表 ☑，激活表达式，输入time*80，如图6-31所示。

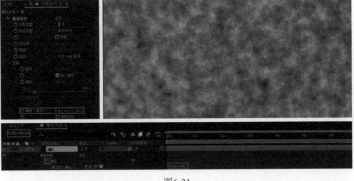

图6-31

03 选择"烟"层，为其添加"湍流置换"效果，设置"数量"为15、"大小"为110，在0秒处设置"偏移（湍流）"为（960，540）并设置关键帧。按住Alt键并单击"演化"左侧的码表 📷，激活表达式，输入time*20，如图6-32所示。

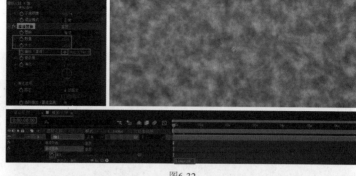

图6-32

04 在结束帧处设置"偏移（湍流）"为（960，－1），设置"烟"层的混合模式为"强光"。用"钢笔工具" 🖊勾画火苗，按F键调出"蒙版羽化"属性，设置参数值为（85像素，85像素），如图6-33所示。

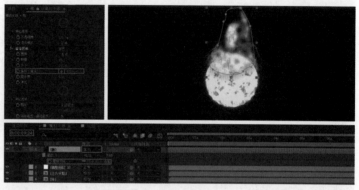

图6-33

05 按快捷键Ctrl+Y新建纯色层，将其命名为"破碎"。双击"火焰"合成，全选"火焰"合成中的效果并按快捷键Ctrl+C复制，回到"模拟火球"合成中，选择"破碎"层，按快捷键Ctrl+V粘贴，修改"三色调"的颜色；添加"转换通道"效果，设置"从获取Alpha"为"明亮度"，如图6-34所示。

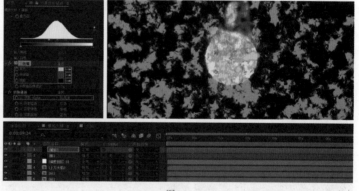

图6-34

06 选择"破碎"层，按快捷键Ctrl+Shift+C进行预合成，将所有属性移动到新层中，并将其命名为"破碎"，设置其混合模式为"相加"。用"钢笔工具" 🖊勾画火苗，按F键激活并设置"蒙版羽化"为（75像素，75像素）。添加"简单阻塞工具"效果，设置"阻塞遮罩"为0.5，如图6-35所示。

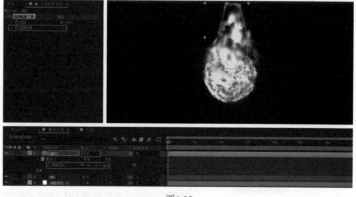

图6-35

调整整体颜色

按快捷键Ctrl+Alt+Y新建"调整图层4",为其添加"曲线"效果并调整曲线;添加"三色调"效果,设置"中间调"为土黄色、"与原始图层混合"为90%,如图6-36所示。

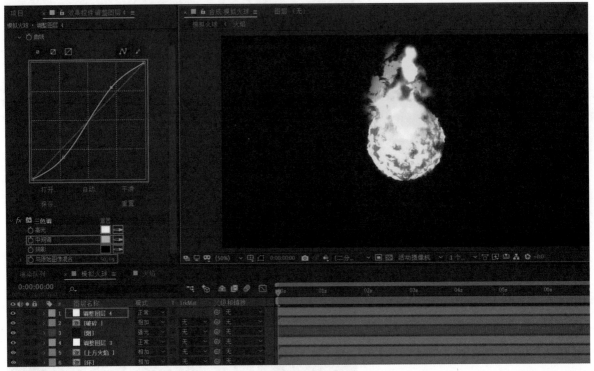

图6-36

绘制背景

按快捷键Ctrl+Y新建纯色层,将其命名为"光晕层",设置"颜色"为深红色。按T键激活并设置"不透明度"为75%,在该层上下均绘制椭圆,按F键激活并设置"蒙版羽化"为(800像素,800像素),设置层的混合模式为"相加",如图6-37所示。

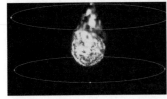

图6-37

预览、输出

将时间线放在0秒处并按Space键预览效果。将时间线放在0秒处,按快捷键Ctrl+M跳转到"渲染队列"面板,设置"输出模块"为"自定义:QuickTime"、"输出到"为"模拟火球.mov",单击"模拟火球.mov",在弹出的"将影片输出到:"对话框中设置导出路径和文件名,保存后单击面板右上角的"渲染"按钮，如图6-38所示。

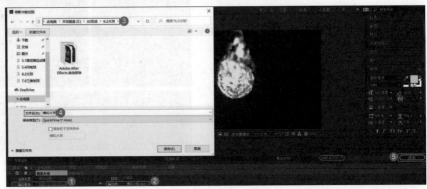

图6-38

6.3 超炫火焰（使用Trapcode Form插件）

实例位置	实例文件 > CH06 > 超炫火焰（使用Trapcode Form插件）
教学视频	超炫火焰（使用Trapcode Form插件）.mp4
学习目标	掌握Form插件的使用方法

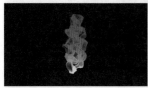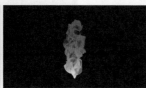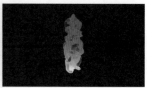

新建合成

新建合成，将"合成名称"设置为"火焰"，设置合成大小为1920px×1080px、"持续时间"为10秒，单击"确定"按钮，如图6-39所示。

添加Form插件

01 按快捷键Ctrl+Y新建纯色层，将其命名Form，添加RG Trapcode-Form(红巨人形态粒子插件Form) 效果，设置Base Form(基本形态) 为Sphere-Layered(球形层)、Size X(x轴大小) 为200、Size Y(y轴大小) 为700、Size Z(z轴大小)为200、Particles in X(x轴粒子数) 为400、Particles in Y(y轴粒子数) 为800、Sphere Layers(球形层) 为1，如图6-40所示。

图6-39

图6-40

02 设置Fractal Field(Master)(主分形场) 下的Affect Size(影响大小) 为1、Affect Opacity(影响不透明度) 为5、Displace(置换) 为120、Flow Y(y轴流动) 为－150、Flow Evolution(流动演化) 为50、Gamma(伽马) 为0.8、F Scale为13、Complexity(复杂度) 为2，如图6-41所示。

03 设置Particle(Master)(主粒子) 下的Size(大小) 为3、Opacity(不透明度) 为30、Set Color(设置颜色) 为Over Y，调整Color Over，如图6-42所示。

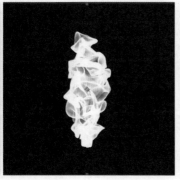

图6-41

图6-42

预览、输出

将时间线放在0秒处并按Space键预览效果。将时间线放在0秒处，按快捷键Ctrl+M跳转到"渲染队列"面板，设置"输出模块"为"自定义：QuickTime"、"输出到"为"火焰.mov"，单击"火焰.mov"，在弹出的"将影片输出到："对话框中设置导出路径和文件名，保存后单击面板右上角的"渲染"按钮（ 渲染 ），如图6-43所示。

图6-43

6.4 合成燃烧文字

实例位置	实例文件 > CH06 > 合成燃烧文字
教学视频	合成燃烧文字.mp4
学习目标	掌握亮度反转遮罩的使用方法

新建合成

新建合成，将"合成名称"设置为"合成燃烧文字"，设置合成大小为1920px×1080px、"持续时间"为10秒，单击"确定"按钮，如图6-44所示。

导入素材并添加毛边效果

按快捷键Ctrl+I导入沥青图片素材，按Enter键将其重命名为"沥青"，将其拖曳到"时间轴"面板中，单击鼠标右键，执行"变换"菜单命令令其适合复合效果。为其添加"毛边"效果，设置"边缘类型"为"生锈"、"边界"为12、"边缘锐度"为10；选择"沥青"层，用"矩形工具" ▇绘制一个矩形，设置"蒙版1"的混合模式为"相减"、"蒙版羽化"为（30像素，30像素），如图6-45所示。

图6-44

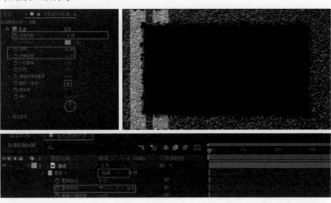

图6-45

添加曲线效果

按快捷键Ctrl+I导入裂缝图片素材，按Enter键将其重命名为"裂缝"，将其拖曳到"时间轴"面板中，单击鼠标右键，执行"变换"菜单命令让其适合复合效果。选择"裂缝"层并为其添加"曲线"效果，通过调整曲线来增加对比度。选择"沥青"层，按M键调出"蒙版1"属性，如图6-46所示。

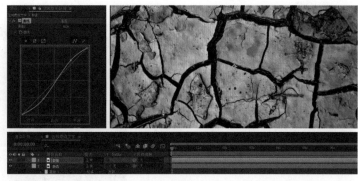

图6-46

复制蒙版

选择"沥青"层的"蒙版1"，按快捷键Ctrl+C复制；选择"裂缝"层，按快捷键Ctrl+V粘贴，如图6-47所示。

图6-47

预合成素材

选择"裂缝"层，按快捷键Ctrl+Shift+C进行预合成，将所有属性移动到新合成中，并将其命名为"裂缝"。双击"裂缝"层，按快捷键Ctrl+Y新建纯色层，设置颜色为白色，将其放在"裂缝"层下方，如图6-48所示。

图6-48

亮度遮罩

回到"合成燃烧文字"合成，在"沥青"层的"轨道遮罩"中选择"亮度遮罩'[裂缝]'"，如图6-49所示。

图6-49

亮度反转遮罩

按快捷键Ctrl+Y新建纯色层，设置"颜色"为深红色，选择纯色层并按快捷键Ctrl+Shift+C进行预合成，将
所有属性移动到新合成中，将其命名为
"背景颜色"。双击"背景颜色"合成，从
"项目"面板中将裂缝和沥青图片素材拖
曳到"时间线"面板中，单击鼠标右键，
执行"变换"菜单命令让其适合复合效
果。将纯色层放在两层中间，在纯色层的
"轨道遮罩"中选择"亮度反转遮罩'[裂
缝]'"；添加"发光"效果，设置"发光阈
值"为68%、"发光半径"为50，如图6-50
所示。

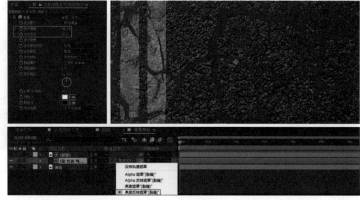

图6-50

输入文字

回到"合成燃烧文字"合成，按快捷键Ctrl+T激活"文字工具" ，输入文字After Effects，设置字体、颜色
和大小，使文字对齐"合成"面板中心，如图6-51所示。

图6-51

图层样式内阴影

选择文字层，单击鼠标右键，执行"图层样式>内阴影"命令，设置"不透明度"为100%、"距离"为10，"阻
塞"为5%、"大小"为5，
如图6-52所示。

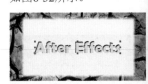

图6-52

添加快速方框模糊和填充效果

选择文字层并按快捷键Ctrl+Shift+C进行预合成，将所有属性移动到新层中，并将其命名为"文字"。将
"文字"层放在"裂缝"层下，在"文字"层的"轨道遮罩"中选择"亮度遮罩'[裂缝]'"。选择"文字"层并
按快捷键Ctrl+D复制该层，为其添加"快速方框模糊"效果，设置"模糊半径"为100；添加"填充"效果，设
置"颜色"为金色。隐藏"沥青"层，如图6-53所示。

图6-53

添加Particular插件

按快捷键Ctrl+Y新建纯色层，将其命名为"粒子"，为其添加RG Trapcode-Particular(红巨人粒子插件Particular) 效果，设置Emitter(Master)(主发射器) 下的Particles/sec(每秒粒子数) 为30、Emitter Type(发射器类型) 为Box(盒子)、Emitter Size X(x轴发射器大小) 为400、Emitter Size Y(y轴发射器大小) 为400，如图6-54所示。

图6-54

发射器预运行和粒子属性

设置Emitter(Master)(主发射器) 下的Emission Extras(发射附加) 下的Pre Run(预运行) 为100%，设置Particle(Master)(主粒子) 下的Opacity(不透明度) 为60%、Color(颜色) 为淡黄色，如图6-55所示。

图6-55

物理属性

设置Physics(Master)(主物理) 下的Air(空气) 下的Wind X(x轴风力) 为300、Wind Y(y轴风力) 为－200、Wind Z(z轴风力) 为－100、Turbulence Field(扰乱场) 下的Affect Position(影响位置) 为100，如图6-56所示。

图6-56

添加发光效果

选择"粒子"层,为其添加"发光"效果,设置"发光阈值"为5%,"发光半径"为100,"发光强度"为1.8,"发光颜色"为"A和B颜色",修改"颜色A"和"颜色B",如图6-57所示。

图6-57

粒子预合成修改参数

选择"粒子"层,按快捷键Ctrl+D复制该层。选择上层"粒子"层并按快捷键Ctrl+Shift+C进行预合成,将所有属性移动到新合成中,并将其命名为"置换"。双击"置换"层,设置"粒子"层中Emitter(发射器)下的Random Seed(随机种子)为105510、Particle(粒子)的Sphere Feather(球体羽化)为100、Size(大小)为20,如图6-58所示。

图6-58

添加色调和湍流置换效果

选择"粒子"层,添加"色调"效果;添加"湍流置换"效果,设置"数量"为100、"大小"为20,如图6-59所示。

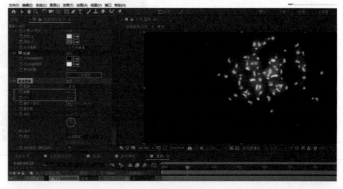

图6-59

添加置换图效果

回到"合成燃烧文字"合成,按快捷键Ctrl+Alt+Y新建"调整图层1",为其添加"置换图"效果,设置"置换图层"为"2置换"、"最大水平置换"为10、"最大垂直置换"为10,隐藏"置换"层,如图6-60所示。

图6-60

添加发光效果

按快捷键Ctrl+Alt+Y新建"调整图层2",为其添加"发光"效果,设置"发光阈值"为80%、"发光半径"为25,如图6-61所示。

图6-61

预览、输出

将时间线放在0秒处并按Space键预览效果。将时间线放在0秒处,按快捷键Ctrl+M跳转到"渲染队列"面板,设置"输出模块"为"自定义:QuickTime"、"输出到"为"合成燃烧文字.mov",单击"合成燃烧文字.mov",在弹出的"将影片输出到:"对话框中设置导出路径和文件名,保存后单击面板右上角的"渲染"按钮，如图6-62所示。

图6-62

6.5 核爆效果(使用Trapcode Shine插件)

实例位置	实例文件 > CH06 > 核爆效果(使用Trapcode Shine插件)
教学视频	核爆效果(使用Trapcode Shine插件).mp4
学习目标	掌握Shine插件的使用方法

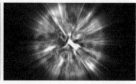

新建合成

新建合成,将"合成名称"设置为"核爆",设置合成大小为1920px×1080px、"持续时间"为10秒,单击"确定"按钮,如图6-63所示。

图6-63

制作核燃烧效果

按快捷键Ctrl+Y新建纯色层，将其命名为"核爆"，为其添加"分形杂色"效果，设置"分型类型"为"涡旋"，勾选"反转"；添加"色光"效果，展开"输出循环"，设置"使用预设调板"为"火焰"，如图6-64所示。

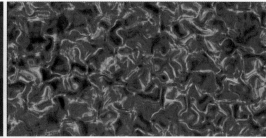

图6-64

使用Shine插件

添加RG Trapcode-Shine(红巨人光线插件Shine) 效果，设置Boost Light (光线亮度) 为8.6，如图6-65所示。

图6-65

添加径向模糊效果

添加"径向模糊"效果，设置"数量"为20、"类型"为"缩放"，如图6-66所示。

图6-66

演化表达式

按住Alt键，在"分形杂色"中单击"演化"左侧的码表，激活表达式，输入time*100，如图6-67所示。

图6-67

蒙版动画

01 选中"核爆"层，使用"椭圆工具"⬭在合成中心绘制一个圆形，在结束帧处将"蒙版扩展"值增大，放大蒙版至占满整个"合成"面板并设置关键帧，如图6-68所示。

图6-68

02 在0秒处将"蒙版扩展"值减小，缩小蒙版至看不见，如图6-69所示。

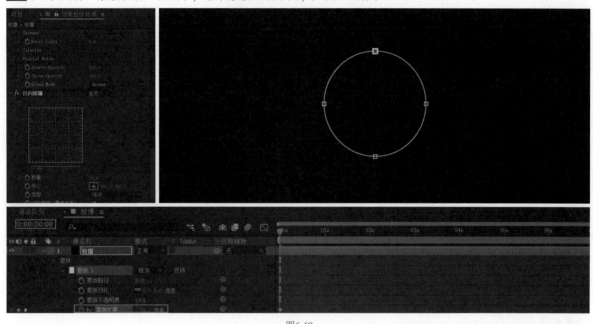

图6-69

预览、输出

将时间线放在0秒处并按Space键预览效果。将时间线放在0秒处，按快捷键Ctrl+M跳转到"渲染队列"面板，设置"输出模块"为"自定义：QuickTime"、"输出到"为"核爆效果.mov"，单击"核爆效果.mov"，在弹出的"将影片输出到："对话框中设置导出路径和文件名，保存后单击面板右上角的"渲染"按钮 渲染 ，如图6-70所示。

图6-70

6.6 掌心焰（使用Trapcode Particular插件）

实例位置	实例文件＞CH06＞掌心焰（使用Trapcode Particular插件）
教学视频	掌心焰（使用Trapcode Particular插件）.mp4
学习目标	掌握粒子跟踪的设置方法

   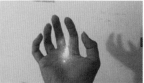

新建合成

新建合成，将"合成名称"设置为"掌心焰"，设置合成大小为1920px×1080px、"持续时间"为10秒，单击"确定"按钮，如图6-71所示。

添加Particular插件

按快捷键Ctrl+Y新建纯色层，将其命名为"粒子"，为其添加RG Trapcode-Particular(红巨人粒子插件Particular)效果，设置Emitter(Master)(主发射器)下的Particles/sec(每秒粒子数)为1000、Emitter Type(发射器类型)为Box(盒子)；将时间线向前移动，让0秒处出现粒子，设置Position(位置)为（960,750,0)(沿y轴向下移动)，如图6-72所示。

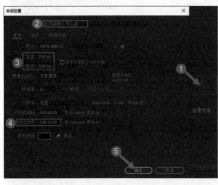

图6-71

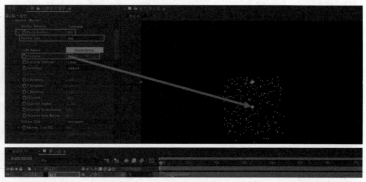

图6-72

设置粒子属性

01 设置Particle(Master)(粒子)下的Life[sec](生命/秒)为1.5、Life Random(生命随机值)为20%、Size over Life(大小生命周期)为PRESETS(预设)，选择一种预设，让粒子随生命的增长而逐渐变小，如图6-73所示。

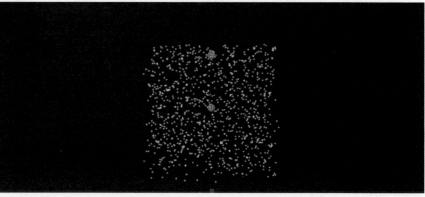

图6-73

02 设置Opacity over Life(不透明度生命周期) 为PRESETS(预设)，选择一种预设，让粒子随生命的增长而逐渐变透明，如图6-74所示。

图6-74

设置物理属性

设置Physics(Master)(主物理) 下的Gravity(重力) 为－1000、Air(空气) 下的Turbulence Field(扰乱场) 的Affect Position(影响位置) 为250，如图6-75所示。

图6-75

表达式控制y轴偏移

按住Alt键，在Turbulence Field(扰乱场) 下单击Y Offset(y轴偏移) 左侧的码表，激活表达式，输入time*－600，设置Rendering(渲染) 下的Motion Blur(运动模糊) 为On(开)、Shutter Angle(快门角度) 为500，如图6-76所示。

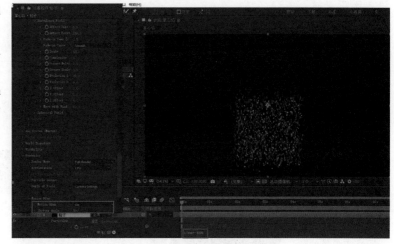

图6-76

调整发射器类型

设置Emitter(Master)(主发射器) 下的Particles/sec(每秒粒子数) 为10000、Emitter Type(发射器类型) 为Sphere(球形)、Velocity(速率) 为150，如图6-77所示。

图6-77

添加高斯模糊和色光效果

添加"高斯模糊"效果，设置"模糊度"为5；添加"色光"效果，设置"获取相位，自"为Alpha、"输出循环"的"使用预设调板"为"火焰"，如图6-78所示。

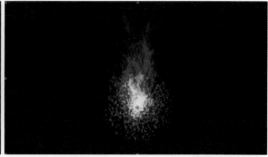

图6-78

添加发光效果

添加"发光"效果，设置"发光阈值"为80%、"发光半径"为100、"发光强度"为0.8，如图6-79所示。

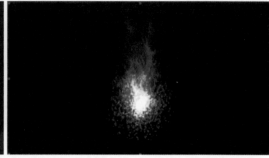

图6-79

导入手掌素材

按快捷键Ctrl+I导入素材，按快捷键Ctrl+Alt+Shift+Y创建空对象，让空对象的一个角点对齐手心的小黑点，并隐藏"粒子"层，如图6-80所示。

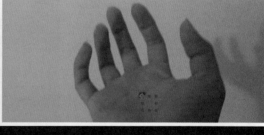

图6-80

跟踪掌心小黑点

双击素材文件，进入"图层"面板。在"跟踪器"面板中单击"跟踪运动"按钮 跟踪运动 ，单击"向前分析"按钮 ▶ ，如图6-81所示。

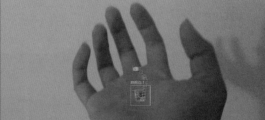

图6-81

跟踪点作用于空对象

01 将时间线放在0秒处，滚动滚轮放大素材，将跟踪点放在手心小黑点的中心，按PageDown键跳转到下一帧，将每一帧的跟踪点放在小黑点的中心。在0~10秒微调跟踪点的位置，使其对齐小黑点的中心。单击"编辑目标"按钮 编辑目标，选择空对象层，单击"应用"按钮 应用，在弹出的对话框中设置"应用维度"为X和Y，如图6-82所示。

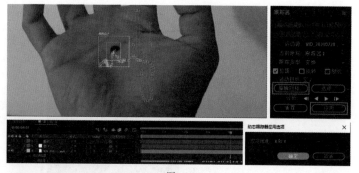

图6-82

02 回到"合成"面板，选择素材，为其添加"曲线"效果，通过调整曲线来增加对比度。设置"粒子"层的混合模式为"屏幕"，如图6-83所示。

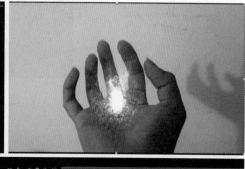

图6-83

粒子跟踪空对象

01 选择空对象，按P键调出"位置"属性，按住Alt键单击"粒子"下的Emitter(Master)(主发射器)下的Position(位置)左侧的码表 ，激活表达式，让"粒子"的Emitter中的Position关联空对象的"位置"，在1秒处设置Particles/sec(每秒粒子数)为10000并设置关键帧，如图6-84所示。

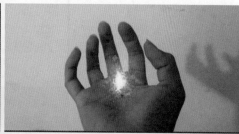

图6-84

02 在0秒处设置Particles/sec(每秒粒子数)为0，如图6-85所示。

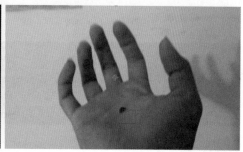

图6-85

添加Optical Flares效果

选择空对象，按P键调出"位置"属性，按快捷键Ctrl+Y新建纯色层，并将其命名为OF。为其添加Optical Flares效果，单击Options，删除多余的光线，只保留"光源点"。修改颜色（吸取手掌的颜色），设置"渲染模拟"为"透明"。按住Alt键单击"位置XY"左侧的码表，激活表达式，让OF中Optical Flares的"位置XY"关联空对象的"位置"。设置"大小"为200，覆盖小黑点，如图6-86所示。

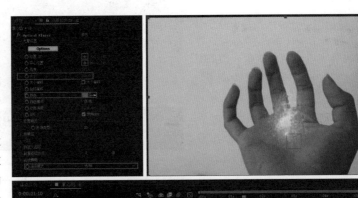

图6-86

预览、输出

将时间线放在0秒处并按Space键预览效果。将时间线放在0秒处，按快捷键Ctrl+M跳转到"渲染队列"面板，设置"输出模块"为"自定义：QuickTime"、"输出到"为"掌心焰.mov"，单击"掌心焰.mov"，在弹出的"将影片输出到："对话框中设置导出路径和文件名，保存后单击面板右上角的"渲染"按钮 渲染，如图6-87所示。

图6-87

6.7 飞舞的火星（使用Trapcode Particular插件）

实例位置	实例文件＞CH06＞飞舞的火星（使用Trapcode Particular插件）
教学视频	飞舞的火星（使用Trapcode Particular插件）.mp4
学习目标	掌握烟雾的制作方法

新建合成

新建合成，将"合成名称"设置为"火星"，设置合成大小为1920px×1080px、"持续时间"为10秒，单击"确定"按钮，如图6-88所示。

设置粒子发射范围

按快捷键Ctrl+Y新建纯色层，并将其命名为"火星"，为其添加RG Trapcode-Particular(红巨人粒子插件Particular)效果，设置Emitter Type(发射器类型)为Box(盒子)，将Emitter Size X(x轴发射器大小)的值增大，将Emitter Size Z(z轴发射器大小)的值减小，将Position(位置)的y轴值减小，设置Velocity(速率)为200，加快粒子的速度，如图6-89所示。

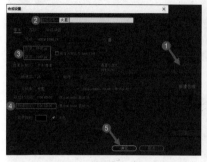

图6-88

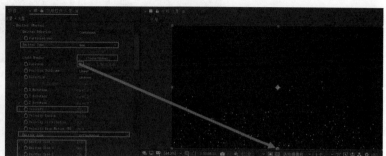

图6-89

设置粒子方向

设置Physics(Master)(主物理)下的Gravity(重力)为-30，设置Air(空气)下的Turbulence Field(扰乱场)下的Affect Position(影响位置)为70，让粒子往上"跑"，如图6-90所示。

图6-90

设置粒子运动模糊

设置Rendering(渲染)下的Motion Blur(运动模糊)为On(开)、Shutter Angle(快门角度)为1200、Opacity Boost(不透明度增强)为40，如图6-91所示。

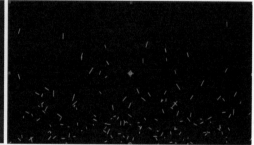

图6-91

设置粒子颜色

01 设置Particle(Master)(主粒子)下的Life Random(生命随机值)为25%、Sphere Feather(球形羽化)为0、Size(大小)为6、Size Random(大小随机值)为50%、Opacity Random(不透明度)为50%、Color(颜色)为橙色(火星颜色)，如图6-92所示。

图6-92

02 设置Size over Life(大小生命周期)为PRESETS(预设),选择一种预设,让粒子随生命的增长而缩小。设置Blend Mode(混合模式)为Add(相加),如图6-93所示。

图6-93

03 设置Physics Time Factor(物理时间因子)为2、Scale(规模)为6,如图6-94所示。

图6-94

04 设置Complexity(复杂度)为6,在0秒处为Y Offset(y轴偏移)设置关键帧,如图6-95所示。

图6-95

05 在结束帧处设置Y Offset(y轴偏移)为160,如图6-96所示。

图6-96

添加发光效果

为"火星"层添加"发光"效果，设置"发光半径"为80、"发光颜色"为"A和B颜色"、"颜色A"为黄色、"颜色B"为红色、"色彩相位"为0x+300°，如图6-97所示。

图6-97

制作烟雾

设置Emitter(Master)(主发射器)下的Particles/sec(粒子每秒数)为300。选中"火星"层，按快捷键Ctrl+D复制该层，将下层"火星"层重命名为"灰"，隐藏"火星"层，如图6-98所示。

图6-98

添加CC Vector Blur效果

为"灰"层添加CC Vector Blur(CC矢量模糊)效果，设置Amount(数量)为90、Angle Offset(角度偏移)为0x+200°、Map Softness(贴图柔和度)为100，将"发光"效果放在CC Vector Blur效果的下方。添加"色相/饱和度"效果，设置"主饱和度"为-100，使"灰"层变为灰色，如图6-99所示。

图6-99

添加高斯模糊效果

选择"灰"层，为其添加"高斯模糊"效果，设置"模糊度"为50；添加"曲线"效果，切换RGB和Alpha通道，通过调整曲线来提升亮度，显示"火星"层，如图6-100所示。

图6-100

添加湍流置换效果

01 按快捷键Ctrl+Alt+Y新建"调整图层1"，将其放在"灰"层上方。为"调整图层1"添加"湍流置换"效果，设置"演化"为1x+0°。在0秒处在"偏移（湍流）"设置关键帧，设置"大小"为60，如图6-101所示。

图6-101

02 在结束帧处增加"偏移（湍流）"的y轴参数值，设置"数量"为﹣186，将"火星"层的混合模式设置为"相加"，如图6-102所示。

图6-102

预览、输出

将时间线放在0秒处并按Space键预览效果。将时间线放在0秒处，按快捷键Ctrl+M跳转到"渲染队列"面板，设置"输出模块"为"自定义：QuickTime"、"输出到"为"飞舞的火星.mov"，单击"飞舞的火星.mov"，在弹出的"将影片输出到："对话框中设置导出路径和文件名，保存后单击面板右上角的"渲染"按钮，如图6-103所示。

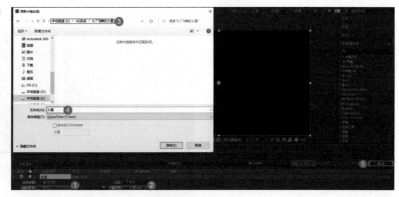

图6-103

6.8 放飞孔明灯（使用Trapcode Particular插件）

实例位置	实例文件 > CH06 > 放飞孔明灯（使用Trapcode Particular插件）
教学视频	放飞孔明灯（使用Trapcode Particular插件）.mp4
学习目标	掌握粒子精灵贴图的使用方法

新建合成

新建合成，将"合成名称"设置为"放飞孔明灯"，设置合成大小为1920px×1080px、"持续时间"为10秒，单击"确定"按钮，如图6-104所示。

导入素材

按快捷键Ctrl+N新建合成，将"合成名称"设置为"孔明灯"，设置合成大小为800px×800px、"持续时间"为3帧。按快捷键Ctrl+I导入3个孔明灯图片素材，将它们拖曳到"时间轴"面板上。按R键调出"旋转"属性，按S键调出"缩放"属性，按P键调出"位置"属性，分别设置孔明灯图片素材的"旋转""缩放""位置"参数。按快捷键Ctrl+A全选层，将时间线的边缘往左推到1帧的位置，单击鼠标右键，执行"关键帧辅助>序列图层"命令，在弹出的对话框中单击"确定"按钮，如图6-105所示。

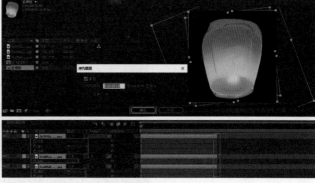

图6-104 图6-105

添加Particular插件

回到"放飞孔明灯"合成，从"项目"面板中将"孔明灯"合成拖曳到"时间轴"面板中并隐藏。按快捷键Ctrl+I导入背景图片素材，将其拖曳到"时间轴"面板中。按快捷键Ctrl+Y新建纯色层，将其命名为"粒子"。选择"粒子"层，为其添加RG Trapcode-Particular(红巨人粒子插件Particular) 效果。设置Emitter(Master)(主发射器) 下的Emitter Type

(发射器类型)为Box(盒子)、Emitter Size X(x轴发射器大小)为2000、Emitter Size Y(y轴发射器大小)为1500、Emitter Size Z(z轴发射器大小)为2000，如图6-106所示。

图6-106

粒子精灵贴图

按F4键切换"孔明灯"层的三维开关，设置Particle(Master)(主粒子) 下的Particle Type(粒子类型)为Sprite(精灵贴图)，设置Texture(纹理) 下的Layer(图层)为"3.孔明灯"、Time Sampling(时间采样)为Split Clip-

Stretch(分段-伸缩演示)，设置Size(大小)为60、Size Random(大小随机值)为20%，如图6-107所示。

图6-107

物理属性

01 设置Physics(Master)(主物理)下的Air(空气)下的Wind X(x轴风力)为50、Wind Y(y轴风力)为-80，如图6-108所示。

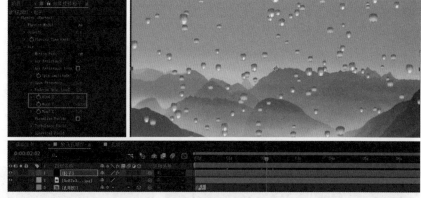

图6-108

02 将Emitter(Master)(主发射器)下的Position(位置)点放在"合成"面板的下方，设置X Rotation(x轴旋转)为0x+30°、Y Rotation(y轴旋转)为0x+42°、Z Rotation(z轴旋转)为0x+24°，如图6-109所示。

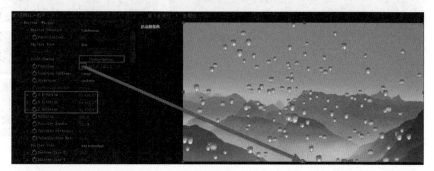

图6-109

03 设置Particle(Master)(主粒子)下的Size Random(大小随机值)为100%，如图6-110所示。

图6-110

预览、输出

将时间线放在0秒处并按Space键预览效果。将时间线放在0秒处，按快捷键Ctrl+M跳转到"渲染队列"面板，设置"输出模块"为"自定义：QuickTime"、"输出到"为"放飞孔明灯.mov"，单击"放飞孔明灯.mov"，在弹出的"将影片输出到："对话框中设置导出路径和文件名，保存后单击面板右上角的"渲染"按钮（渲染），如图6-111所示。

图6-111

6.9 照片燃烧（使用Trapcode Particular插件）

实例位置	实例文件＞CH06＞照片燃烧（使用Trapcode Particular插件）
教学视频	照片燃烧（使用Trapcode Particular插件）.mp4
学习目标	掌握添加"置换图"效果的方法

新建合成

新建合成，将"合成名称"设置为"照片燃烧"，设置合成大小为1920px×1080px、"持续时间"为10秒，单击"确定"按钮，如图6-112所示。

添加线性擦除效果

01 按快捷键Ctrl+Y新建纯色层，设置"颜色"为白色，将其命名为"线性"，为其添加"线性擦除"效果。在0秒处设置"过渡完成"为0%并设置关键帧，如图6-113所示。

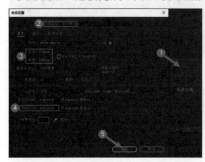  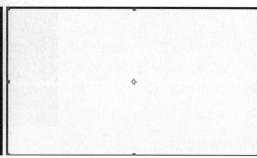

图6-112　　　　　　　　　　　　　　　　　　　　　　　图6-113

02 在结束帧处设置"过渡完成"为100%。选择"线性"层，按U键调出关键帧的属性，框选所有关键帧并单击鼠标右键，执行"关键帧辅助＞时间反向关键帧"命令。设置"擦除角度"为0x－150°，如图6-114所示。

图6-114

添加分形杂色效果

选择"线性"层并按快捷键Ctrl+Shift+C进行预合成，将所有属性移动到新层中，并将其命名为"置换图"。按快捷键Ctrl+Y新建纯色层，将其命名为"分形"。选择"分形"层并为其添加"分形杂色"效果，按住Alt键单击"演化"左侧的码表圆，激活表达式，输入time*100，如图6-115所示。

图6-115

添加置换图效果

选择"分形"层并按快捷键Ctrl+Shift+C进行预合成，将所有属性移动到新层中，并将其命名为"分形"，隐藏"分形"层。选择"置换图"层，为其添加"置换图"效果，设置"置换图层"为"1.分形"、"最大水平置换"为0、"最大垂直置换"为150，如图6-116所示。

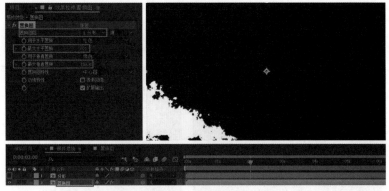

图6-116

Alpha反转遮罩

01 按快捷键Ctrl+A全选层，按快捷键Ctrl+Shift+C进行预合成，将其命名为"遮罩"。按快捷键Ctrl+I导入图片素材，将其拖曳到"时间轴"面板中并放在底层。按S键和R键调出"缩放"和"旋转"属性，设置"缩放"为（80%，80%）、"旋转"为0x－5°，按F4键进行切换，在"轨道遮罩"中选择"Alpha反转遮罩'遮罩'"，如图6-117所示。

图6-117

02 双击"置换图"合成，选择"线性"层，在第16帧处设置"过渡完成"为80%，如图6-118所示。

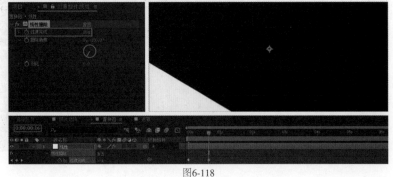

图6-118

添加三色调效果

回到"照片燃烧"合成，按快捷键Ctrl+A全选层，按快捷键Ctrl+Shift+C进行预合成，将其命名为"燃烧"，

选择"燃烧"层并按快捷键Ctrl+D复制该层。将上层"燃烧"层的时间线向右移，在下层"燃烧"层的"轨道遮罩"中选择"Alpha反转遮罩'燃烧'"。选择下层"燃烧"层，为其添加"分形杂色"效果，按住Alt键单击"演化"左侧的码表，激活表达式，输入wiggle(10,10)，为其添加"三色调"效果，修改"高光""中间调""阴影"的颜色，如图6-119所示。

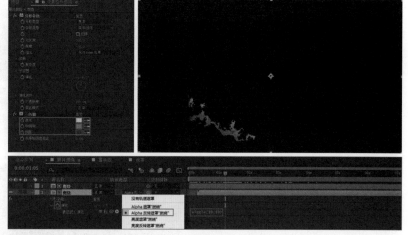

图6-119

添加发光效果

按快捷键Ctrl+A全选层，按快捷键Ctrl+Shift+C进行预合成，将其命名为"燃烧层"，从"项目"面板中将"燃烧层"合成拖曳到"时间轴"面板中并放在顶层。选择"燃烧层"层，为其添加"发光"效果，设置"发光阈值"为72%、"发光半径"为15，如图6-120所示。

图6-120

添加Particular插件

01 按快捷键Ctrl+Y新建纯色层，并将其命名为"粒子"。选择"粒子"层，为其添加RG Trapcode-Particular(红巨人粒子插件Particular)效果。设置Emitter(Master)(主发射器)下的Particle/sec(每秒粒子数)为100000、Emitter Type(发射器类型)为Layer(图层)、Layer Emitter(图层发射器)下的Layer(图层)为"3.燃烧层"，如图6-121所示。

图6-121

02 设置Particle(Master)(主粒子) 下的Life Random(生命随机值) 为10%、Size(大小) 为3、Size Random(大小随机值) 为100%, 在Size over Life(大小生命周期) 中单击第1个"画笔" ✎, 调整曲线点, 让粒子随生命的增长而逐渐变小, 单击Copy(复制) 按钮 Copy , 如图6-122所示。

图6-122

03 在Opacity over Life(不透明度生命周期) 中单击Paste(粘贴) 按钮 Paste , 让粒子随生命的增长而逐渐变透明, 如图6-123所示。

图6-123

04 设置Physics(Master)(主物理) 下的Gravity(重力) 为 - 100、Air(空气) 下的Turbulence Field(扰乱场) 下的Affect Position(影响位置) 为100, 如图6-124所示。

图6-124

05 在Physics(Master)(主物理) 中设置Air(空气) 下的Turbulence Field(扰乱场) 下的X Offset(x轴偏移) 为 - 50、Y Offset(y轴偏移) 为 - 100。为"粒子"层添加"发光"效果, 设置"发光阈值"为70%、"发光半径"为15, 如图6-125所示。

图6-125

预览、输出

将时间线放在0秒处并按Space键预览效果。将时间线放在0秒处，按快捷键Ctrl+M跳转到"渲染队列"面板，设置"输出模块"为"自定义:QuickTime"、"输出到"为"照片燃烧.mov"，单击"照片燃烧.mov"，在弹出的"将影片输出到:"对话框中设置导出路径和文件名，保存后单击面板右上角的"渲染"按钮，如图6-126所示。

图6-126

6.10 粒子火焰（使用Trapcode Particular插件）

实例位置	实例文件＞CH06＞粒子火焰（使用Trapcode Particular插件）
教学视频	粒子火焰（使用Trapcode Particular插件）.mp4
学习目标	掌握辅助系统的使用方法

 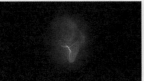  

新建合成

新建合成，将"合成名称"设置为"粒子火焰"，设置合成大小为1000px×1000px、"持续时间"为5秒，单击"确定"按钮，如图6-127所示。

添加Particular插件

01 按快捷键Ctrl+Y新建纯色层，将其命名为"粒子"，并为其添加RG Trapcode-Particular(红巨人粒子插件Particular) 效果。设置Emitter(Master)(主发射器) 下的Particles/sec(每秒粒子数) 为2000、Emitter Type(发射器类型) 为Sphere(球形)、Position(位置) 为(500,720,0)，让粒子的中心位于"合成"面板的中下方；继续设置Velocity(速率) 为450、Emitter Size Z(z轴发射器大小) 为0，如图6-128所示。

图6-127

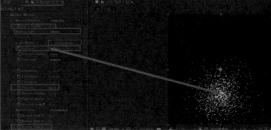

图6-128

02 设置Particle(Master)(主粒子) 下的Life[sec](生命/秒) 为1，在Size over Life(大小生命周期) 中单击第1个"画笔"，手动调整曲线，让粒子随生命的增长而逐渐变小，如图6-129所示。

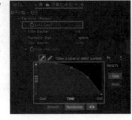 

图6-129

03 设置Physics（物理）下的Air（空气）下的Air Resistance（空气阻力）为6、Wind Y（y轴风力）为－600，让粒子向上移动；设置Turbulence Field（扰乱场）下的Affect Position（影响位置）为520、Fade-in Time（淡入时间）为0.7、Scale（范围）为6、Octave Multiplier（倍频倍增器）为1.8、Evolution Speed（演变速度）为25、Move with Wind（随风移动）为100，如图6-130所示。

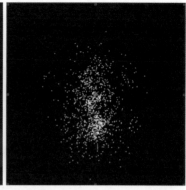

图6-130

添加CC Vector Blur效果

添加Vector Blur（CC矢量模糊）效果，设置Type（类型）为Direction Fading（方向衰落）、Amount（数量）为55、Angle Offset（角度偏移）为0x+180°、Map Softness（贴图柔和度）为19。添加CC Vector Blur2（CC矢量模糊2）效果，设置Type（类型）为Direction Fading（方向衰落）、Amount（数量）为65、Angle Offset（角度偏移）为0x+200°、Revolutions（旋转）为1.5。添加CC Vector Blur3（CC矢量模糊3）效果，设置Amount（数量）为60、Ridge Smoothness（脊平滑度）为6、Map Softness（贴图柔和度）为12，如图6-131所示。

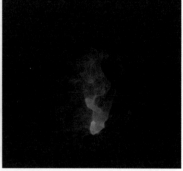

图6-131

添加CC Glass效果

添加CC Glass（CC玻璃）效果，设置Surface（表面）下的Bump Map（凹凸贴图）为"无"、Property为Alpha、Softness（柔和度）为25、Height（高度）为29、Displacement（置换）为175，设置Shading（阴影）下的Ambient（环境）为35，如图6-132所示。

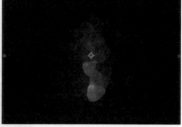

图6-132

添加快速方框模糊效果

选择"粒子"层，按快捷键Ctrl+D复制该层。选中上层"粒子"层，按Enter键将其重命名为"粒子2"，设置"粒子2"中的CC Glass的Softness（柔和度）为24、Displacement（置换）为－500。为其添加CC Vector Blur4（CC矢量模糊4）效果，设置Amount（数量）为82、Map Softness（贴图柔和度）为21；添加"快速方框模糊"效果，设置"模糊半径"为20，如图6-133所示。

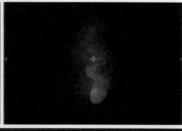

图6-133

添加曲线效果

选择"粒子2"层，为其添加"曲线"效果。切换到Alpha通道，调整曲线。按快捷键Ctrl+Alt+Shift+C创建摄像机，如图6-134所示。

图6-134

衬托烟雾

选择"粒子"层，按Enter键将其重命名为"火焰层"，为"火焰层"层添加"快速方框模糊"效果，将该效果放在Particular效果下，设置"模糊半径"为20，如图6-135所示。

图6-135

制作火焰细节

01 按快捷键Ctrl+Y新建纯色层，并将其命名为"粒子层"，为其添加RG Trapcode-Particular(红巨人粒子插件Particular) 效果。设置Emitter(Master)(主发射器) 下的Particles/sec(每秒粒子数) 为8000、Emitter Type(发射器类型) 为Sphere(球形)、Position(位置) 为（500,775,0），让发射器位于合成的中下方；继续设置Velocity(速率) 为0、Emitter Size X(x轴发射器大小) 为190、Emitter Size Y(y轴发射器大小) 为75、Emitter Size Z(z轴发射器大小) 为0，如图6-136所示。

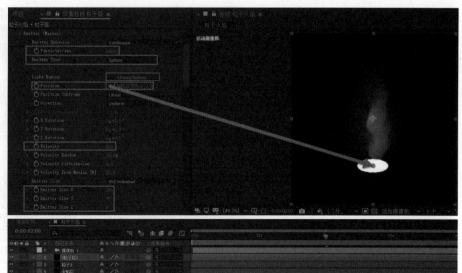

图6-136

02 设置Particle(Master)(主粒子）下的Life[sec](生命/秒）为2、Size(大小）为2、Size over Life(大小生命周期）为PRESETS(预设），让粒子随生命的增长由小到大，再由大到小，如图6-137所示。

图6-137

03 在Particle(Master)(主粒子）下的Opacity over Life(不透明度生命周期）下单击第1个"画笔"，手动调整曲线，让粒子的不透明度随生命的增长而变化，如图6-138所示。

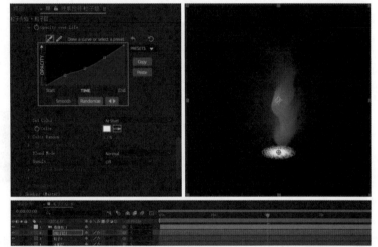

图6-138

04 设置Physics(物理）下的Air(空气）的Wind Y(y轴风力）为﹣400，让粒子向上运动；设置Turbulence Field(扰乱场）下的Affect Position(影响位置）为480、Fade-in Time(淡入时间）为1、Scale(范围）为7、Octave Multiplier(倍频倍增器）为1.8、Evolution Speed(演化速度）为15、Move with Wind(随风移动）为100，如图6-139所示。

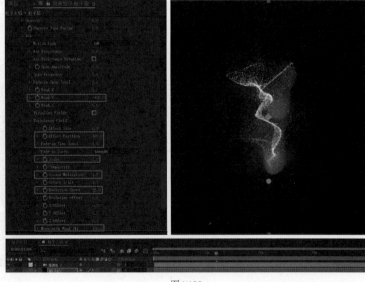

图6-139

制作火焰线条

01 按快捷键Ctrl+Y新建纯色层，将其命名为"线条"，并为其添加RG Trapcode-Particular(红巨人粒子插件Particular)效果。设置Emitter(Master)(主发射器)下的Particles/sec(每秒粒子数)为45、Emitter Type(发射器类型)为Sphere(球形)、Position(位置)为(500,775,0)，让位置点位于"合成"面板的中下方；继续设置Velocity(速率)为0、Emitter Size XYZ(xyz轴发射器大小)为0，如图6-140所示。

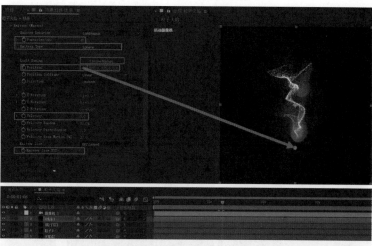

图6-140

02 设置Particle(Master)(主粒子)下的Life[esc](生命/秒)为1、Particle Type(粒子类型)为Cloudlet(云)、Size(大小)为2、Size Random(大小随机值)为50%、Opacity(不透明度)为20，修改Color(颜色)，如图6-141所示。

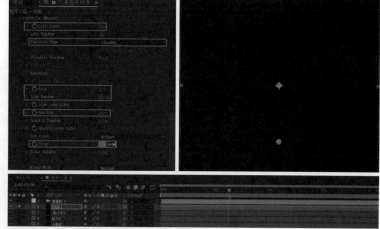

图6-141

03 设置Physics(Master)(主物理)下的Air(空气)的Wind Y(y轴风力)为－600，让粒子向上运动；设置Turbulence Field(扰乱场)下的Affect Position(影响位置)为1300、Fade-in Time(淡入时间)为1、Scale(范围)为4、Octave Multiplier(倍频倍增器)为1.8，如图6-142所示。

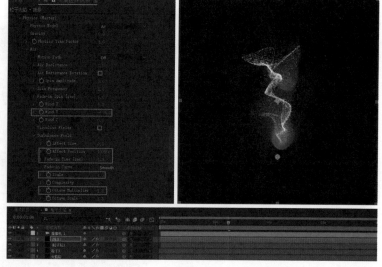

图6-142

04 在Aux System(Master)(主辅助系统) 下设置Emit(发射) 为Continuously(连续的)、Emit Probability(发射概率) 为5%、Particles/sec(每秒粒子数) 为500、Life[sec](生命/秒) 为1，Type(类型) 为Sphere(球形)、Opacity(不透明度) 为25，如图6-143所示。

05 在Aux System(Master)(主辅助系统) 下设置Size为1.5、Set Color(设置颜色) 为Over Life(生命周期)，在Color over Life(颜色生命周期) 下修改颜色，设置Physics(Air&Fluid mode only)[物理（仅空气和流体模式）] 下的Wind Affect(风力影响) 为25%，如图6-144所示。

图6-143

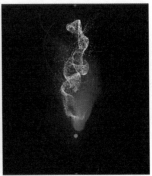

图6-144

添加发光效果

选择"线条"层，为其添加"发光"效果，设置"发光半径"为30、"发光强度"为0.5，如图6-145所示。选择"发光"效果，按快捷键Ctrl+D复制该效果。

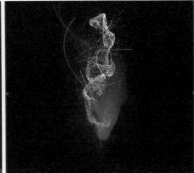

图6-145

添加固态层合成和自然饱和度效果

01 选择"线条"层，设置其"模式"为"屏幕"，为其添加"固态层合成"效果，设置"颜色"为黑色；添加"自然饱和度"效果，如图6-146所示。

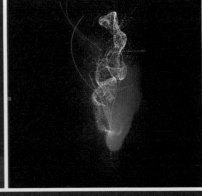

图6-146

02 按快捷键Ctrl+Alt+Y新建"调整图层1"层，并为其添加"固态层合成"效果，设置"颜色"为黑色；添加"曲线"效果，切换通道并调整曲线，如图6-147所示。

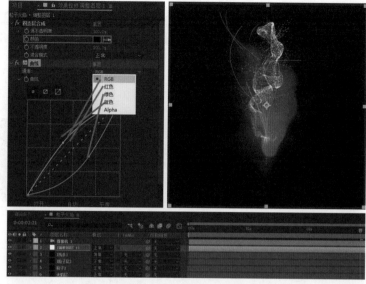

图6-147

03 选择"调整图层1"层，为其添加"发光"效果，设置"发光阈值"为0%、"发光半径"为380、"发光操作"为"滤色"、"发光颜色"为"A和B颜色"、"颜色循环"为"锯齿A>B"，修改"颜色A"和"颜色B"，如图6-148所示。

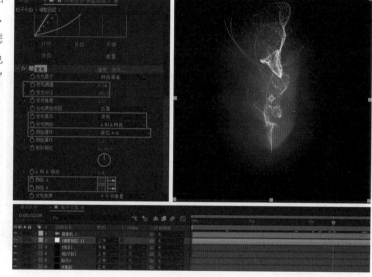

图6-148

预览、输出

将时间线放在0秒处并按Space键预览效果。将时间线放在0秒处，按快捷键Ctrl+M跳转到"渲染队列"面板，设置"输出模块"为"自定义:QuickTime"、"输出到"为"粒子火焰.mov"，单击"粒子火焰.mov"，在弹出的"将影片输出到:"对话框中设置导出路径和文件名，保存后单击面板右上角的"渲染"按钮， 渲染 ，如图6-149所示。

图6-149

6.11 球形火花（使用Trapcode Particular插件）

实例位置	实例文件＞CH06＞球形火花（使用Trapcode Particular插件）
教学视频	球形火花（使用Trapcode Particular插件）.mp4
学习目标	掌握添加"发光"效果的方法

新建合成

新建合成，将"合成名称"设置为"球形火花"，设置合成大小为1920px×1080px、"持续时间"为10秒，单击"确定"按钮，如图6-150所示。

添加Particular插件

按快捷键Ctrl+Y新建纯色层，将其命名为Particle，为其添加RG Trapcode-Particular(红巨人粒子插件Particular)效果。设置Emitter(Master)(主发射器)下的Emitter Type(发射器类型)为Sphere(球形)、Position(位置)为(960,600,0)，让发射器位于"合成"面板的中下方，设置Direction(方向)为Directional(定向的)、X Rotation(x轴旋转)为0x+90°，如图6-151所示。

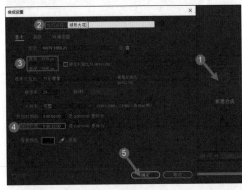 

图6-150　　　　　　　　　　　　　　　　　　　图6-151

设置粒子属性

设置Particle(Master)(主粒子)下的Life[sec](生命/秒)为2、Size(大小)为2、Size over Life(大小生命周期)为PRESETS(预设)，让粒子随生命的增长而越来越小，如图6-152所示。

修改粒子颜色

设置Set Color(设置颜色)为Over Life(生命周期)，修改Color over Life(颜色生命周期)的颜色，设置Blend Mode(混合模式)为Add(相加)，如图6-153所示。

图6-152　　　　　　　　　　　　　　　　　　　图6-153

物理属性

在Physics(物理)下设置Air(空气)下的Spherical Field(球形场)下的Strength(强度)为100、Radius(半径)为400,如图6-154所示。

图6-154

使用辅助系统

01 在Aux system(Master)(主辅助系统)下设置Emit(发射)为Continuously(连续的)、Particles/sec(每秒粒子数)为400、Size(大小)为2,如图6-155所示。

图6-155

02 在Aux System (Master)(主辅助系统)下设置Size over Life(大小生命周期)为PRESETS(预设),选择一种预设,让粒子随生命的增长而越来越小,继续设置Color From Main(继承主粒子颜色)为100%,如图6-156所示。

图6-156

03 选择Particle层,按快捷键Ctrl+D复制该层。选择上层Particle层,设置Emitter(发射器)下的X Rotation(x轴旋转)为0x-90°、Random Seed(随机种子)为10600,设置Particle(Master)(主粒子)下的Size(大小)为3,如图6-157所示。

图6-157

添加发光效果

按快捷键Ctrl+Alt+Y新建"调整图层1"，为其添加"发光"效果，设置"发光阈值"为60%、"发光半径"为100、"发光强度"为0.6，如图6-158所示。

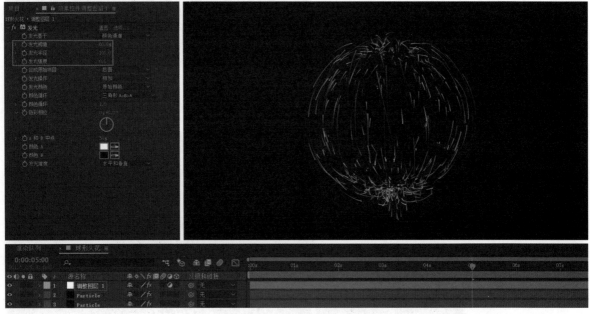

图6-158

预览、输出

将时间线放在0秒处并按Space键预览效果。将时间线放在0秒处，按快捷键Ctrl+M跳转到"渲染队列"面板，设置"输出模块"为"自定义：QuickTime"、"输出到"为"球形火花.mov"，单击"球形火花.mov"，在弹出的"将影片输出到："对话框中设置导出路径和文件名，保存后单击面板右上角的"渲染"按钮，如图6-159所示。

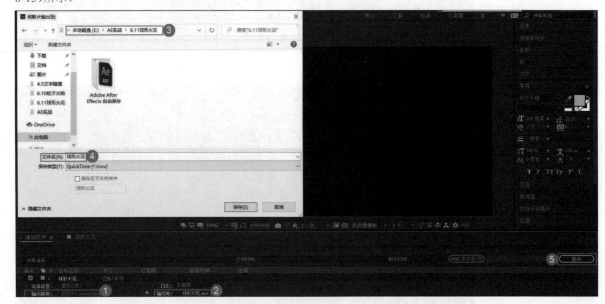

图6-159

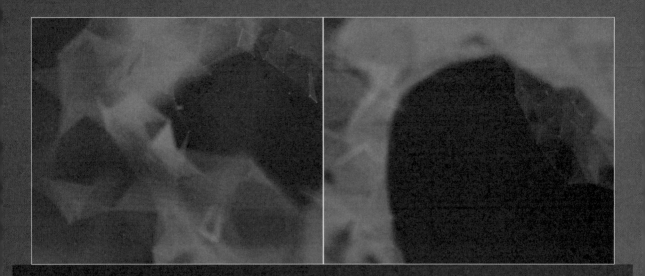

第 **7** 章　DNA链式动画效果

■ 学习目的

　　DNA 链式动画效果是比较常见的，无论是具有科技感的宣传片还是医学演示，都会用到该动画效果。虽然 DNA 链式动画的效果比较多，但是它们的原理和核心都是一样的，因为 DNA 的形态是固定的。本章罗列了一些常见的 DNA 链式动画效果，对于更详细的制作过程，读者可以观看教学视频进行学习。

■ 主要内容

　· DNA 螺旋线　　　　　　· DNA 结构

　· DNA 模型　　　　　　　· DNA 状粒子

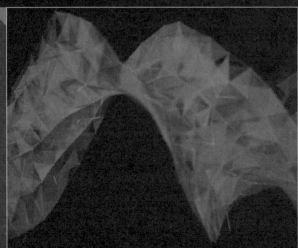

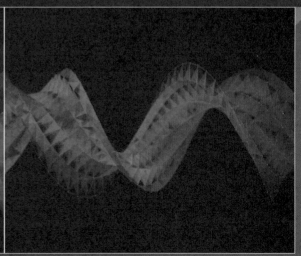

7.1 DNA螺旋线（使用Trapcode Form插件）

实例位置	实例文件＞CH07＞DNA螺旋线（使用Trapcode Form插件）
教学视频	DNA螺旋线（使用Trapcode Form插件）.mp4
学习目标	掌握添加"梯度渐变"效果的方法

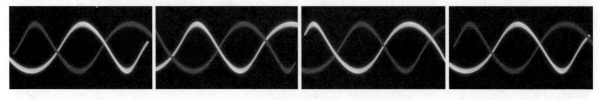

新建合成

新建合成，将"合成名称"设置为"DNA螺旋线"，设置合成大小为1920px×1080px、"持续时间"为10秒，单击"确定"按钮，如图7-1所示。

添加Form插件

按快捷键Ctrl+Y新建纯色层，将其命名为Form，为其添加RG Trapcode-Form(红巨人形态粒子插件Form) 效果。设置Base Form(Master)(主基本形态) 下的Size X(x轴上的大小) 为1920、Size Y(y轴上的大小) 为800、Size Z(z轴上的大小) 为0、Particles in X(x轴粒子) 为24、Particles in Y(y轴粒子) 为250、Particles in Z(z轴粒子) 为1，如图7-2所示。

图7-1

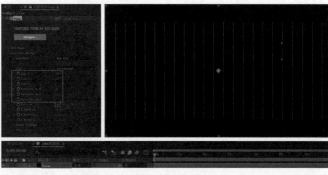

图7-2

添加梯度渐变和色光效果

按快捷键Ctrl+N新建合成，将"合成名称"设置为Size，设置合成大小为1920px×1080px、"持续时间"为10秒。

按快捷键Ctrl+Y新建纯色层，将其命名为Color，选择Color层并按快捷键Ctrl+D复制该层。为上层Color层添加"梯度渐变"效果；继续添加"色光"效果，修改"输出循环"的颜色。按S键调出"缩放"属性，取消锁定"约束比例"，设置"缩放"为(100%,82%)，如图7-3所示。

图7-3

添加快速方框模糊效果

选择上层Color层，为其添加"快速方框模糊"效果，设置"模糊半径"为5，如图7-4所示。

映射图层

回到"DNA螺旋线"合成，从"项目"面板中将Size合成拖曳到"时间轴"面板中。在Form层中设置Layer Maps（图层贴图）下的Size（大小）下的Layer（图层）为2.Size、Map Over（贴图映射）为XY，设置Particle（粒子）下的Size（大小）为28，隐藏Size合成，如图7-5所示。

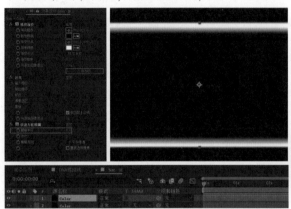
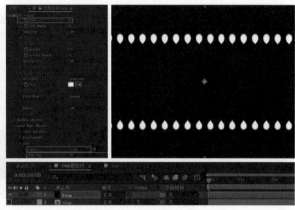

图7-4   图7-5

修改粒子属性

设置Particle（粒子）下的Size（大小）为12，设置Disperse and Twist(Master)（主分散和扭曲）下的Twist（扭曲）为5，如图7-6所示。

选择表达式控制

设置Base Form(Master)（主基本形态）下的Size X（x轴上的大小）为2000、Particles in X（x轴上的粒子）为300，按住Alt键单击X Rotation（x轴旋转）左侧的码表 ，激活表达式，输入time*60，如图7-7所示。

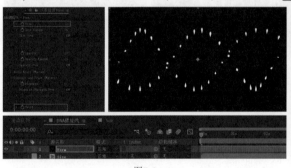
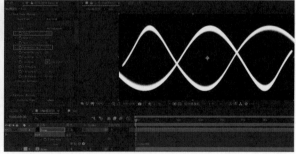

图7-6   图7-7

修改颜色

设置Particle(Master)（粒子）下的Set Color（设置颜色）为Over Y，然后修改Color Over的颜色，如图7-8所示。

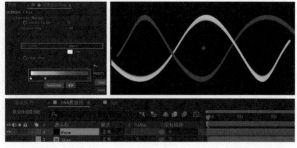

图7-8

添加快速方框模糊和发光效果

添加"快速方框模糊"效果，设置"模糊半径"为5；添加"发光"效果，"发光阈值"为60%、"发光半径"为86，如图7-9所示。

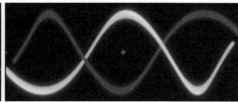

图7-9

预览、输出

将时间线放在0秒处并按Space键预览效果。将时间线放在0秒处，按快捷键Ctrl+M跳转到"渲染队列"面板，设置"输出模块"为"自定义：QuickTime"、"输出到"为"DNA螺旋线.mov"，单击"DNA螺旋线.mov"，在弹出的"将影片输出到："对话框中设置导出路径和文件名，保存后单击面板右上角的"渲染"按钮 渲染 ，如图7-10所示。

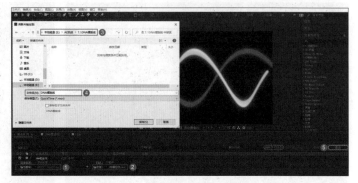

图7-10

7.2 DNA动画（使用Trapcode Form插件）

实例位置	实例文件＞CH07＞DNA动画（使用Trapcode Form插件）
教学视频	DNA动画（使用Trapcode Form插件）.mp4
学习目标	掌握扭曲变形的设置方法

新建合成

新建合成，将"合成名称"设置为"DNA动画"，设置合成大小为1920px×1080px、"持续时间"为10秒，单击"确定"按钮，如图7-11所示。

添加Form插件

01 按快捷键Ctr+Y新建纯色层，将其命名为DNA，为其添加RG Trapcode-Form(红巨人形态粒子插件Form) 效果。设置Base Form(Master)(主基本形态) 下的Size X(x轴上的大小) 为3500、Particles in X(x轴粒子) 为30、Particles in Z(z轴粒子) 为1，如图7-12所示。

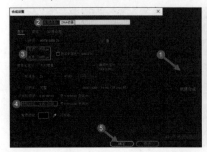

图7-11   图7-12

02 设置Particle(Master)(主粒子)
下的Sphere Feather(球形羽化) 为0、
Size(大小) 为20、Set Color(设置颜
色) 为Over X(在x轴), 在Color
Over(上色) 下选择一种预设, 并修
改其颜色, 如图7-13所示。

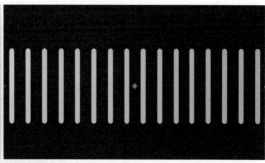

图7-13

扭曲变形

设置Disperse and Twist(Master)
(主分散和扭曲) 下的Twist(扭曲)
为4, 如图7-14所示。

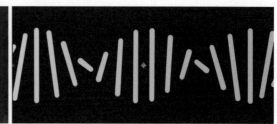

图7-14

添加Form2

01 单击Designer(设计者) 按钮 , 添加Form2, 单击Apply(应用) 按钮, 如图7-15所示。

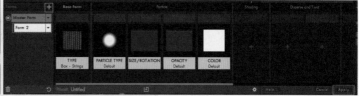

图7-15

02 设置Base Form F2(基本形态2)
为Box-Strings、Size Y F2(F2 y轴上的
大小) 为3500、Strings in Y F2(F2 y
轴线) 为30、Strings in Z F2(F2 z轴
线) 为1、Z Rotation F2(F2 z轴旋转)
为0x+90°, 如图7-16所示。

图7-16

03 设置Particle(Form 2)(粒子形态
2) 下的Size F2(F2 大小) 为15, 如
图7-17所示。

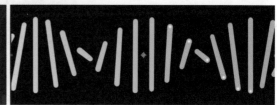

图7-17

添加Form3

01 单击Designer（设计者）按钮 Designer... ，添加Form3，单击Apply （应用）按钮 Apply 。设置Size X F3 （F3 *x*轴上的大小）为3500、Size Z F3 （F3 *z*轴上的大小）为150、Particles in X F3（F3 *x*轴粒子）为80、Particles in Y F3（F3 *y*轴粒子）为2、Particles in Z F3 （F3 *z*轴粒子）为15，如图7-18所示。

图7-18

02 设置Particle(Form 3)（粒子形态3） 下的Sphere Feather F3（F3 球形羽 化）为20、Size F3（F3 大小）为18、 Size Random F3（F3 大小随机值）为 100%、Set Color F3（F3设置颜色）为 Over X（在*x*轴），在Color Over F3 （F3 上色）下选择一种预设，并修改 其颜色，如图7-19所示。

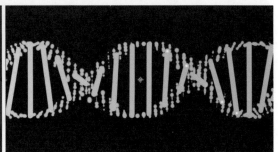

图7-19

为Form3添加分散

01 选择Form3，设置Disperse and Twist(Form3)（F3分散和扭曲）下的 Disperse F3（F3分散）为50，如图 7-20所示。

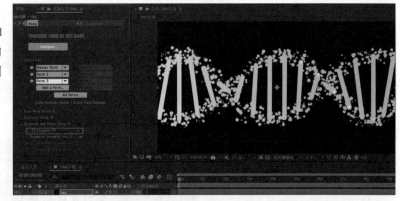

图7-20

02 设置Master Form下的Transform (Master)（主变换）下的Z Rotation W （*z*轴旋转）为0x－150°，如图7-21 所示。

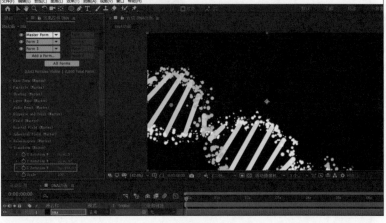

图7-21

位置关键帧动画

01 在0秒处调整Base Form(Master)(主基本形态)下的Position(位置),将其移到左上方并设置关键帧,如图7-22所示。

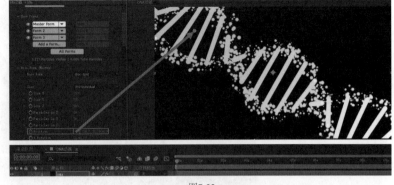

图7-22

02 在5秒处调整Base Form(Master)(主基本形态)下的Position(位置),将其移到右下方,如图7-23所示。

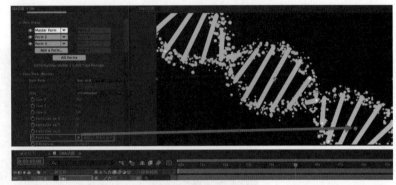

图7-23

为Form3添加分形场

选择Form3,设置Fractal Field(Form3)(F3分形场)下的Displace F3(F3置换)为70,如图7-24所示。

图7-24

制作旋转关键帧动画

01 在0秒处设置Master Form的X Rotation(x轴旋转)为0x+0°并设置关键帧,如图7-25所示。设置Form 2的X Rotation F2(F2 x轴旋转)为0x+0°并设置关键帧,设置Form 3的X Rotation F3(F3 x轴旋转)为0x+0°并设置关键帧。

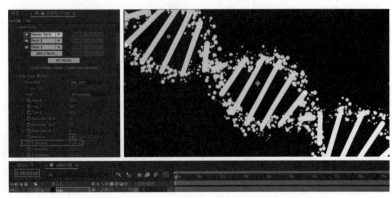

图7-25

02 在5秒处设置Master Form的X Rotation（x轴旋转）为0x+180°，如图7-26所示。设置Form 2的X Rotation F2（F2 x轴旋转）为0x+180°，设置Form 3的X Rotation F3（F3 x轴旋转）为0x+180°。

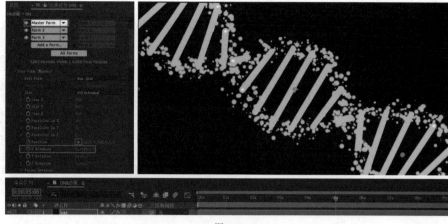

图7-26

添加背景修饰

按快捷键Ctrl+Y新建纯色层，将其命名为BG，并将其放在底层，为其添加"梯度渐变"效果，修改"起始颜色"和"结束颜色"，调整"渐变起点"和"渐变终点"，如图7-27所示。

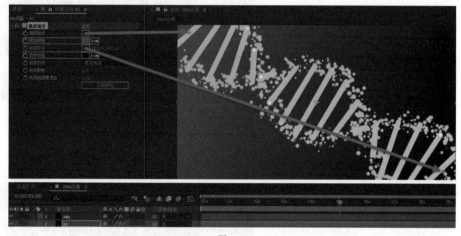

图7-27

预览、输出

将时间线放在0秒处并按Space键预览效果。将时间线放在0秒处，按快捷键Ctrl+M跳转到"渲染队列"面板，设置"输出模块"为"自定义：QuickTime"、"输出到"为"DNA动画.mov"，单击"DNA动画.mov"，在弹出的"将影片输出到："对话框中设置导出路径和文件名，保存后单击面板右上角的"渲染"按钮 渲染 ，如图7-28所示。

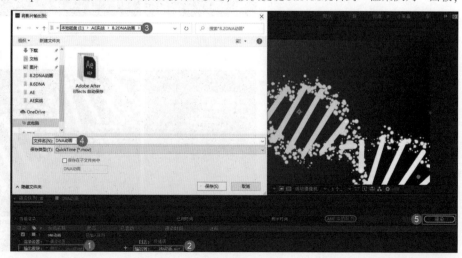

图7-28

7.3 DNA结构（使用Trapcode Tao插件）

实例位置	实例文件＞CH07＞DNA结构（使用Trapcode Tao插件）
教学视频	DNA结构（使用Trapcode Tao插件）.mp4
学习目标	掌握Tao插件的使用方法

新建合成

新建合成，将"合成名称"设置为"DNA结构"，设置合成大小为1920px×1080px、"持续时间"为10秒，单击"确定"按钮，如图7-29所示。

添加Tao插件

按快捷键Ctrl+Y新建纯色层，将其命名为Tao，为其添加RG Trapcode-Tao(红巨人粒子插件Tao)效果，设置Path Generator(路径生成器)的Shape(形状)为Line(线条)，如图7-30所示。

图7-29

图7-30

分段和复制

01 设置Segment Mode(分段模式)为Repeat Sphere(重复球体)、Segments(分段)为30、Sides(边)为80、Size(大小)为30、Size X(x轴上的大小)为10、Size Y(y轴上的大小)为200、Size Z(z轴上的大小)为10、Orient Reference Axis(定向参考轴)为Y、Twist Z(z轴扭曲)为600，如图7-31所示。

02 设置Repeat Paths(重复路径)下的First Repeater(第1次重复)下的R1 Repetitions(R1重复)为1、R1 World Pos X(R1 x轴位置)为0、R1 Segment Size X(R1 x轴分段大小)为200、R1 Segment Size Y(R1 y轴分段大小)为15、R1 Segment Size Z(R1 z轴分段大小)为1300、R1 Segment Pos X(R1 x轴分段位置)为−150、R1 Segment Pos Y(R1 y轴分段位置)为6000、R1 Segment Pos Factor(R1 分段位置系数)为0.1，如图7-32所示。

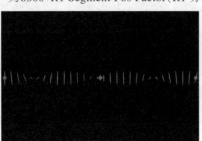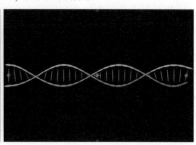

图7-31

图7-32

创建摄像机

按快捷键Ctrl+Alt+Shift+C创建摄像机，按C键激活"摄像机工具" 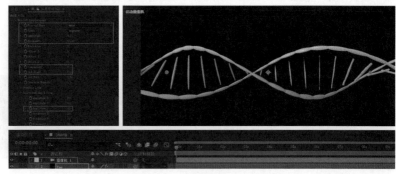，将视图放大。在Tao下设置Fractal Displacement（分形置换）下的Fractal Type（分形类型）为Multi（多种）、Space（空间）为Segment（分段）、Amplitude（振幅）为5、Frequency（频率）为60、Complexity（复杂度）为8、Oct Scale为5，设置Individual Amp&Freq（单独的振幅和频率）的Amplitude Z（z轴振幅）为150，如图7-33所示。

图7-33

设置材质和灯光

在Material&Lighting（材质和灯光）下修改Color（颜色），设置Ambient（环境光）为25、Diffuse（漫反射）为100、Specular（高光）为200、Metal（金属）为80、Diffuse Holdout（漫反射延迟）为10，设置Image Based Lighting（图像基础照明）下的Built in Environment（内置环境）为Dark Industrial（阴影工业）、Expose Environment（暴露环境）为5、Reflection Strength（反射强度）为5，如图7-34所示。

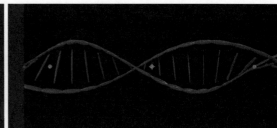

图7-34

制作旋转关键帧动画

01 在0秒处设置Diffuse Strength（漫反射强度）为150、World Transform（世界变换）下的W Rotate X（x轴旋转）为0，并设置关键帧，如图7-35所示。

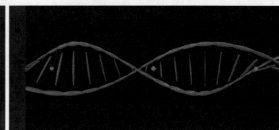

图7-35

02 在结束帧处设置W Rotate X（x轴旋转）为300，拖曳时间线可以看到旋转动画，如图7-36所示。

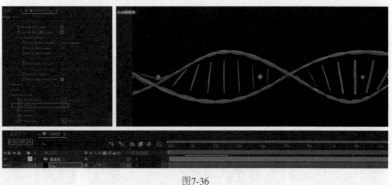

图7-36

添加发光效果

按快捷键Ctrl+Alt+Y新建"调整图层",按Enter键将其重命名为"发光",为其添加"发光"效果。设置"发光阈值"为50%、"发光半径"为0.5、"发光强度"为0.5、"发光操作"为"相加";选择"发光"效果,按快捷键Ctrl+D复制,设置"发光阈值"为3%、"发光半径"为75,如图7-37所示。

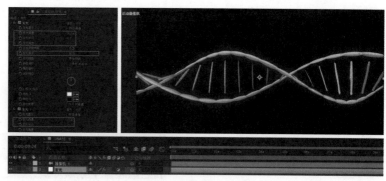

图7-37

添加查找边缘效果

按快捷键Ctrl+Alt+Y新建"调整图层",按Enter键将其重命名为"查找边缘",为其添加"查找边缘"效果,设置"与原始图像混合"为90%,然后调整摄像机的位置,如图7-38所示。

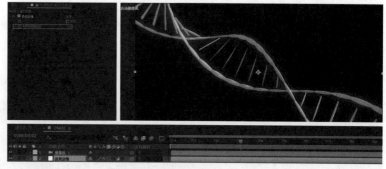

图7-38

制作DNA元素分散汇聚动画

01 设置Segment(分段)下的Randomness(随机性)下的Random Pos X(x轴位置随机)为600,在0秒处设置关键帧,让DNA元素随机散开,如图7-39所示。

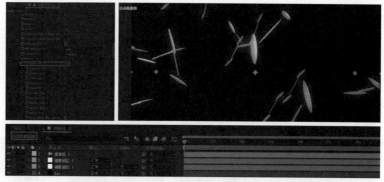

图7-39

02 在4秒处设置Random Pos X(x轴位置随机)为0,让DNA元素汇集成DNA,如图7-40所示。

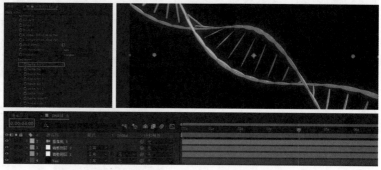

图7-40

预览、输出

将时间线放在0秒处并按Space键预览效果。将时间线放在0秒处，按快捷键Ctrl+M跳转到"渲染队列"面板，设置"输出模块"为"自定义:QuickTime"、"输出到"为"DNA链.mov"，单击"DNA链.mov"，在弹出的"将影片输出到："对话框中设置导出路径和文件名，保存后单击面板右上角的"渲染"按钮（渲染），如图7-41所示。

图7-41

7.4 DNA动画（使用Plexus插件）

实例位置	实例文件＞CH07＞DNA动画（使用Plexus插件）
教学视频	DNA动画（使用Plexus插件）.mp4
学习目标	掌握Plexus插件的使用方法

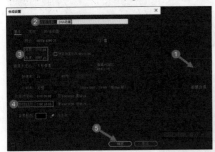

新建合成

新建合成，将"合成名称"设置为"DNA动画"，设置合成大小为1920px×1080px、"持续时间"为10秒，单击"确定"按钮，如图7-42所示。

添加Plexus插件

01 按快捷键Ctrl+Y新建纯色层，将其命名为Plexus。使用"矩形工具" ■在Plexus层中绘制一个矩形，并为其添加Plexus Path Object效果。设置Add Geometry（添加几何体）为Paths（路径）、Plexus Path Object下的Replication（复制）下的Total No.Copies（总数复制）为20，如图7-43所示。

图7-42

图7-43

02 设置Add Renderer（添加渲染器）为Lines、Max No. of Vertices to Search（最大序号的顶点搜索）为5，如图7-44所示。

图7-44

创建摄像机

01 按快捷键Ctrl+Alt+Shift+C创建摄像机，设置Add Effector(添加效果器) 为Transform，设置Plexus Transform下的Y Rotate(y轴旋转) 为90°，设置Plexus Path Object下的Replication(复制) 下的Total No. Copies(总数复制) 为10、Extrude Depth(挤压深度) 为2500，设置Z Rotation(z轴旋转) 的Z End Angle(z轴结束角度) 为1x+300°，将摄像机拉远一点，如图7-45所示。

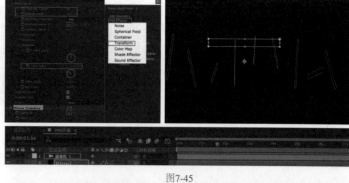

图7-45

02 设置Plexus Path Object下的Point on Each Mask(每个蒙版上的点) 为10，设置Plexus Lines Renderer下的Maximum Distance(最大距离) 为130，修改Opacity Over Distance(距离上的不透明度)，单击SMOOTH(平滑) 按钮**SMOOTH**，如图7-46所示。

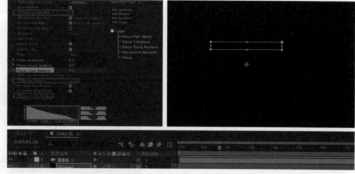

图7-46

03 设置Plexus Path Object下的Replication(复制) 下的Total No. Copies(复制总数) 为70、Z Rotation(z轴旋转) 下的Z End Angle(z轴结束角度) 为2x+150°，如图7-47所示。

图7-47

添加渲染器

设置Add Renderer(添加渲染器) 为Triangulation(三角渲染器)、Plexus Triangulation Renderer下的Maximum Distance(最大距离) 为200，修改Opacity Over Distance(距离上的不透明度)，单击SMOOTH(平滑) 按钮**SMOOTH**，如图7-48所示。

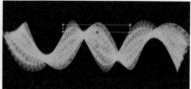

图7-48

制作旋转关键帧动画

01 设置Plexus Transform下的X Rotate(x轴旋转) 为0x+0°，在0秒处设置关键帧，如图7-49所示。

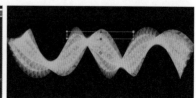

图7-49

02 在结束帧处设置X Rotate(x轴旋转) 为1x+300°，如图7-50所示。

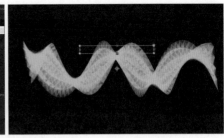

图7-50

重命名、分组

01 选择Plexus Path Object，按Enter键将其重命名Face1，设置Group(分组) 为Group1(组1)。将Plexus Transform重命名为Transform，将Plexus Point Renderer重命名为Points1，将Plexus Line Renderer重命名为Lines1，将Plexus Triangulation Renderer重命名为Triangulation1。设置Triangulation1下的Maximum Distance (最大距离) 为180、Draw Triangles Between(画三角形之间) 为Vertices of Only One Group(仅一组顶点)、Object Group(对象组) 为Group1(组1)，如图7-51所示。

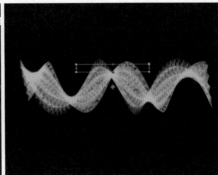

图7-51

02 设置Points1下的Effect Only Group (效果仅分组) 为Group1(组1)，设置Line1下的Line Thickness(线条粗细) 为0.5、Draw Lines Between(画线之间) 为One Group(一组)、First Group(第1组) 为Group1(组1)，如图7-52所示。

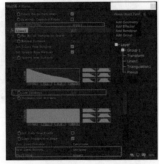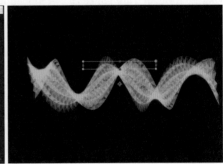

图7-52

从灯光获取颜色

按快捷键Ctrl+Alt+Shift+L新建灯光，设置"灯光类型"为"点"、"强度"为100%、"颜色"为绿色（可自行设置），将其放在DNA左边。选择灯光并按快捷键Ctrl+D复制，双击"点光2"层并修改"颜色"，将点光2放在DNA右边。勾选Plexus下的Shading(阴影)下的Use Lights for Shading(使用灯光进行着色)，设置Shading Radius(阴影半径) 为1000，如图7-53所示。

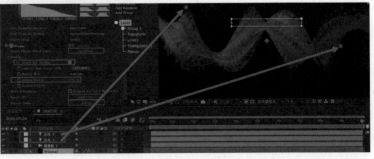

图7-53

添加细节

01 选择Face1并按快捷键Ctrl+D复制，将复制的Face1重命名Face2。设置Group（分组）为Group2(组2)、Add Renderer（添加渲染器）为Line(线)；将Plexus Line Renderer重命名为Line2，取消勾选Get Colors From Vertices(从顶点获取颜色)，修改Lines Color(线颜色)，设置Draw Lines Betueen(画线之间)为One Group(一组)、First Group(第1组)为Group2(组2)，如图7-54所示。

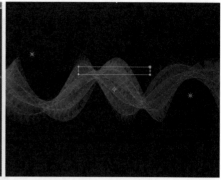

图7-54

02 设置Face2下的Replication（复制）下的Total No. Copies(复制总数)为30，设置Line2下的Max No. of Vertices to Search(最大序号的顶点搜索)为6，取消勾选Get Opacity From Vertices(从顶点获取不透明度)，设置Lines Opacity(线不透明度)为80%，Line Thickness(线条粗细)为1.5，如图7-55所示。

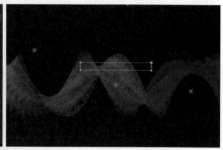

图7-55

03 选择Line2并按快捷键Ctrl+D复制。设置Line3的First Group(第1组)为Group3(组3)、Add Renderer(添加渲染器)为Points；将Plexus Point Renderer重命名为Point3。设置Points Size(点大小)为12，取消勾选Get Color From Vertices(从顶点获取颜色)，修改Points Color(点颜色)，取消勾选Get Opacity From Vertices(从顶点获取不透明度)，设置Points Opacity(点不透明度)为60%、Effect Only Group(效果仅分组)为Group3(组3)，如图7-56所示。

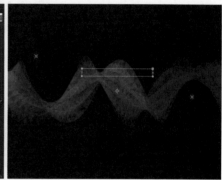

图7-56

04 设置Triangulation1的Max No. of Triangles Per Vertex(每个顶点的最大三角形数)为6、Maximum Distance(最大距离)为150、Add Effector(添加渲染器)为Noise(噪波)，在7秒处设置Noise Amplitude(噪波振幅)为0并设置关键帧，如图7-57所示。

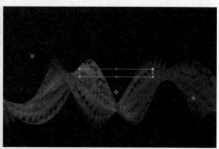

图7-57

添加变化

在3秒处设置Noise Amplitude(噪波振幅)为150,然后按住Alt键并单击Noise Evolution(噪波演化)左侧的码表 ⏱,激活表达式,输入time*0.5,如图7-58所示。

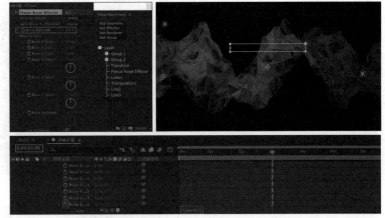

图7-58

为摄像机制作关键帧动画

01 选择摄像机,按P键和A键调出"位置"和"目标点"属性,在7秒处设置关键帧,如图7-59所示。

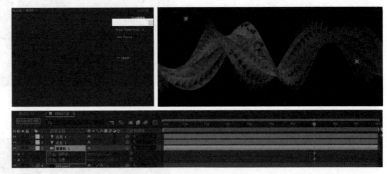

图7-59

02 在3秒处调整摄像机的位置,框选所有关键帧并单击鼠标右键,执行"关键帧辅助>缓动"命令(快捷键为F9),如图7-60所示。

图7-60

03 在Plexus下勾选Unified Rendering下的Required for DoF & Motion Blur (需要自由度和运动模糊),设置Depth of Field(景深效果)为Camera Settings (摄像机设定)。选择摄像机并按A键调出属性,设置"景深"为"开",在0秒处设置"焦距"为800像素并设置关键帧,继续设置"光圈"为12像素,如图7-61所示。

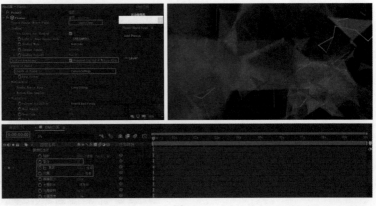

图7-61

04 在3秒处设置"焦距"为1800像素，如图7-62所示。

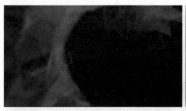

图7-62

预览、输出

将时间线放在0秒处并按Space键预览效果。将时间线放在0秒处，按快捷键Ctrl+M跳转到"渲染队列"面板，设置"输出模块"为"自定义:QuickTime"、"输出到"为"DNA动画.mov"，单击"DNA动画.mov"，在弹出的"将影片输出到:"对话框中设置导出路径和文件名，保存后单击面板右上角的"渲染"按钮（渲染），如图7-63所示。

图7-63

7.5 DNA简化（使用Trapcode Form插件）

实例位置	实例文件＞CH07＞DNA简化（使用Trapcode Form插件）
教学视频	DNA简化（使用Trapcode Form插件）.mp4
学习目标	掌握映射图层的使用方法

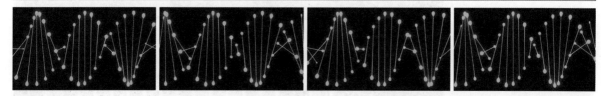

新建合成

新建合成，将"合成名称"设置为"DNA简化"，设置合成大小为1920px×1080px、"持续时间"为10秒，单击"确定"按钮，如图7-64所示。

添加Form插件

按快捷键Ctrl+Y新建纯色层，将其命名为Form，并为其添加RG Trapcode-Form(红巨人形态粒子插件Form) 效果。设置Base Form(Master)(主基本形态) 下的Size X(x轴上的大小) 为900、Size Y(y轴上的大小) 为300、Size Z(z轴上的大小) 为0、Particles in X(x轴粒子) 为20、Particles in Y(y轴粒子) 为280、Particles in Z(z轴粒子) 为1，如图7-65所示。

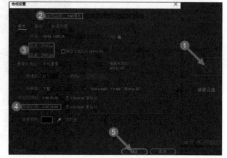

图7-64

添加梯度渐变和色光效果

按快捷键Ctrl+N新建合成，将"合成名称"设置为Size，设置合成大小为1920px×1080px、"持续时间"为10秒。按快捷键Ctrl+Y新建纯色层，将其命名为Color，选择Color层并按快捷键Ctrl+D复制该层，为上层Color层添加"梯度渐变"效果；继续添加"色光"效果，修改"输出循环"的颜色。按S键调出"缩放"属性，取消锁定"约束比例"，设置"缩放"为（100%,88%），如图7-66所示。

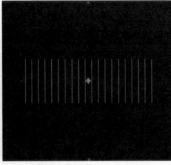

图7-65

图7-66

添加快速方框模糊效果

01 选择上层Color层并为其添加"快速方框模糊"效果，设置"模糊半径"为4，如图7-67所示。

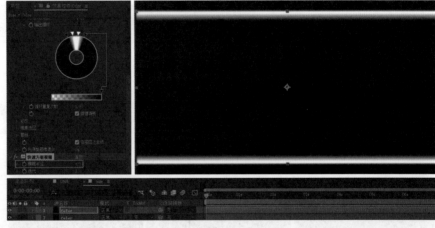

图7-67

02 回到DNA合成，从"项目"面板中将Size合成拖曳到"时间轴"面板中，设置Form下的Base Form (Master)（主基本形态）下的Size X（x轴上的大小）为1920、Size Y（y轴上的大小）为1080，设置Particle（粒子）下的Size（大小）为12，如图7-68所示。

图7-68

映射图层

在Layer Maps(贴图图层)下设置Size(大小)下的Layer(图层)为2.Size、Map Over(贴图映射)为XY,设置Particle(粒子)的Size(大小)为24,隐藏[Size]层,如图7-69所示。

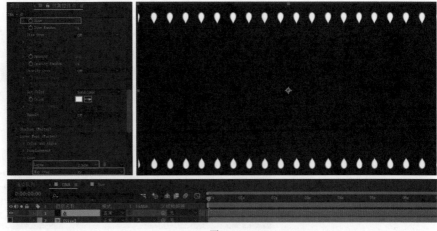

图7-69

制作线

01 选择Form层并按Enter键将其重命名为"点",选择"点"层并按快捷键Ctrl+D复制该层,按Enter键将其重命名为"线"。选择"线"层,设置Layer Maps(Master)(主贴图图层)下的Size(大小)下的Layer(图层)为"无"、Map Over(贴图映射)为Off(关),设置Particle(粒子)下的Size(大小)为4,如图7-70所示。

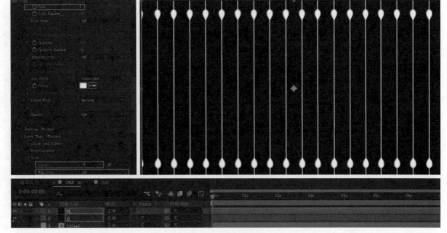

图7-70

02 在"线"层中设置Base Form(Master)(主基本形态)下的Size Y(y轴大小)为860,如图7-71所示。

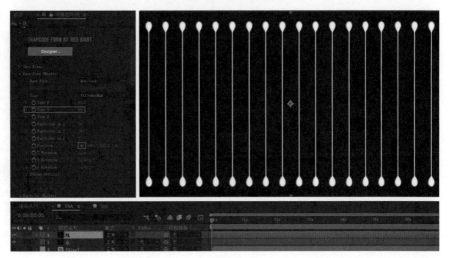

图7-71

扭曲旋转

01 选择"线"层，设置Base
Form(基本形态)下的Particles
in X(x轴粒子)为25、Disperse
and Twist(Master)(主分散和扭
曲)下的Twist(扭曲)为5。
按住Alt键单击X Rotation(x轴
旋转)左侧的码表，激活表
达式，输入time*60，如
图7-72所示。

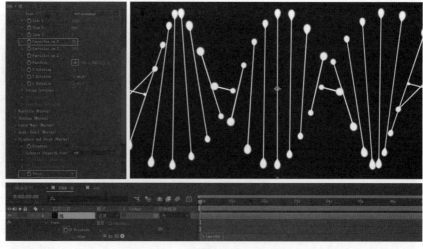

图7-72

02 选择"点"层，设置Base
Form(基本形态)下的Particles
in X(x轴粒子)为25、Disperse
and Twist(Master)(主分散和扭
曲)下的Twist(扭曲)为5。按
住Alt键单击X Rotation(x轴旋
转)左侧的码表，激活表达
式，输入time*60，如图7-73
所示。

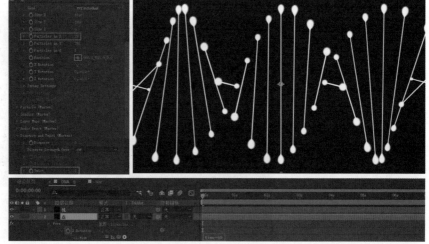

图7-73

修改颜色

01 选择"点"层，设置Par-
ticle(粒子)下的Set Color
(设置颜色)为Over Y，修改
Color Over的颜色，如图7-74
所示。

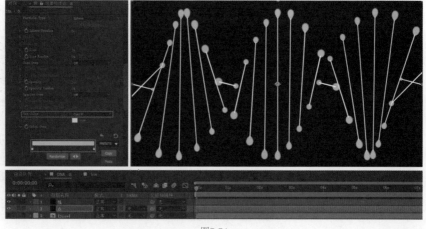

图7-74

02 在"线"层设置Particle(粒子)下的Set Color(设置颜色)为Over Y,修改Color Over的颜色,如图7-75所示。

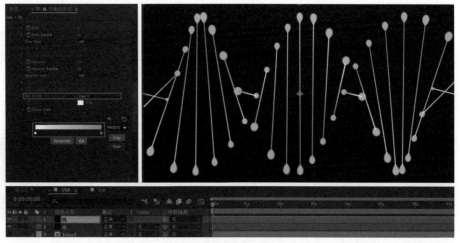

图7-75

添加发光效果

按快捷键Ctrl+Alt+Y新建"调整图层1",为其添加"发光"效果,设置"发光阈值"为40%、"发光半径"为80,如图7-76所示。

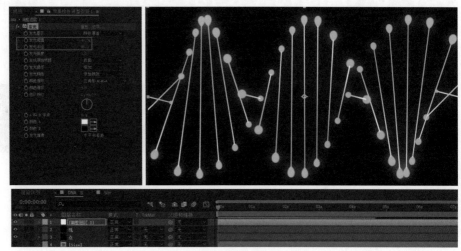

图7-76

预览、输出

将时间线放在0秒处并按Space键预览效果。将时间线放在0秒处,按快捷键Ctrl+M跳转到"渲染队列"面板,设置"输出模块"为"自定义:QuickTime"、"输出到"为"DNA.mov",单击"DNA.mov",在弹出的"将影片输出到:"对话框中设置导出路径和文件名,保存后单击面板右上角的"渲染"按钮 渲染 ,如图7-77所示。

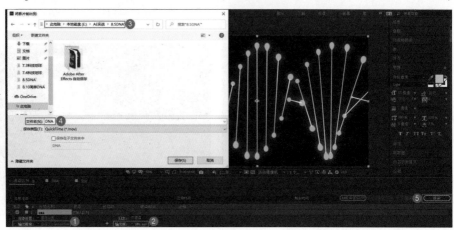

图7-77

7.6 DNA简化

实例位置	实例文件 > CH07 > DNA简化
教学视频	DNA简化.mp4
学习目标	掌握双链模式的制作方法

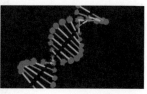

7.7 DNA简化（使用Plexus插件）

实例位置	实例文件 > CH07 > DNA简化（使用Plexus插件）
教学视频	DNA简化（使用Plexus插件）.mp4
学习目标	掌握添加"发光"效果的方法

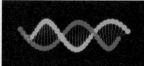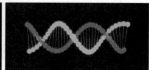

新建合成

新建合成，将"合成名称"设置为"DNA简化"，设置合成大小为1920px×1080px、"持续时间"为10秒，单击"确定"按钮，如图7-78所示。

添加Plexus插件

01 按快捷键Ctrl+Alt+Shift+L新建灯光，设置"灯光类型"为"点"、"强度"为100%，选择"点光1"层并按快捷键Ctrl+D复制该层，将"点光2"层移动到"点光1"层上方。按快捷键Ctrl+Y新建纯色层，将其命名为Plexus，为其添加Plexus插件，设置Add Geometry（添加几何体）为Layers（图层），设置Plexus Layers Object下的Replication（重复）下的Total No. Copies（复制总数）为25，设置Plexus Points Renderer下的Points Size（点大小）为32，如图7-79所示。

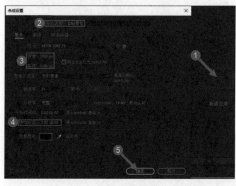

图7-78

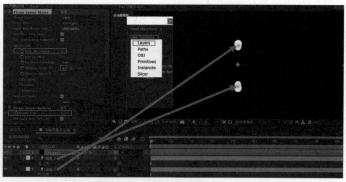

图7-79

02 设置Add Renderer（添加渲染器）为Beams（光束）、Only on Axis（只在轴）为X（x轴）。按快捷键Ctrl+Alt+Shift+C创建摄像机，按快捷键Ctrl+Alt+Shift+Y新建空对象，打开三维开关，将摄像机关联空对象。选中空对象，按R键调出旋转属性，设置"Y轴旋转"为0x+90°；设置Plexus Layers Object下的Replication（重复）下的Total No. Copies（复制总数）为36、Extrude Depth（挤出深度）为1300、Z Rotation（z轴旋转）的Z End Angle（z轴结束角度）为1x+204°，如图7-80所示。

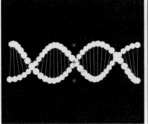

图7-80

旋转表达式

设置Add Effector（添加修改器）为Transform（变换），按住Alt键单击Z Rotate（z轴旋转）左侧的码表图，激活表达式，输入time*30，如图7-81所示。

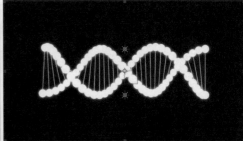

图7-81

修改颜色，添加发光效果

双击"点光1"和"点光2"层并修改颜色（灯光颜色控制DNA颜色），为Plexus层添加"发光"效果，设置"发光阈值"为73.3%、"发光半径"为30，如图7-82所示。

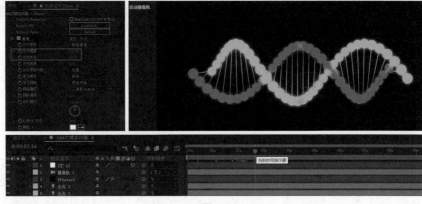

图7-82

预览、输出

将时间线放在0秒处并按Space键预览效果。将时间线放在0秒处，按快捷键Ctrl+M跳转到"渲染队列"面板，设置"输出模块"为"自定义：QuickTime"、"输出到"为"DNA双螺旋动画.mov"，单击"DNA双螺旋动画.mov"，在弹出的"将影片输出到："对话框中设置导出路径和文件名，保存后单击面板右上角的"渲染"按钮，如图7-83所示。

图7-83

7.8 DNA模型

实例位置	实例文件 > CH07 > DNA模型
教学视频	DNA模型.mp4
学习目标	掌握链式结构的制作方法

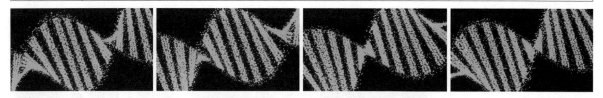

7.9 DNA结构（使用Trapcode 3D Stroke插件）

实例位置	实例文件 > CH07 > DNA结构（使用Trapcode 3D Stroke插件）
教学视频	DNA结构（使用Trapcode 3D Stroke插件）.mp4
学习目标	掌握3D Stroke插件的使用方法

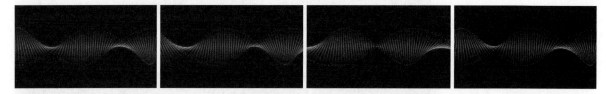

7.10 DNA状粒子（使用Trapcode Form插件）

实例位置	实例文件 > CH07 > DNA状粒子（使用Trapcode Form插件）
教学视频	DNA状粒子（使用Trapcode Form插件）.mp4
学习目标	掌握DNA结构的制作方法

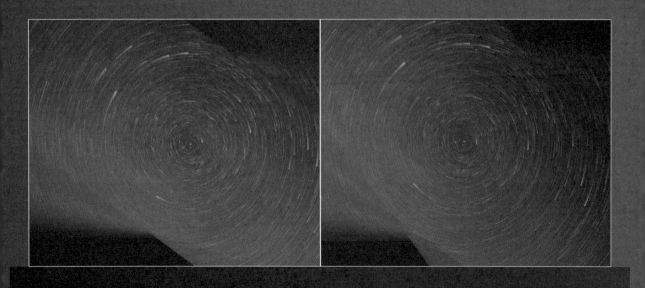

第 8 章 天体动画效果

■ 学习目的

　　本章主要介绍与天体相关的动画效果，主要包含星轨、星云、太阳、极光、黑洞等。天体动画效果常用于影视后期中，其制作要点是设置亮度和饱和度。

■ 主要内容

· 星轨　　　　　　　　· 极光
· 星云　　　　　　　　· 黑洞

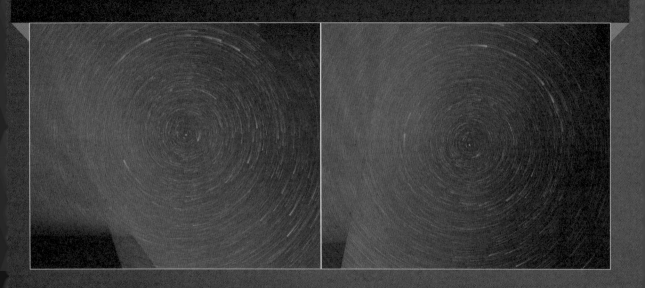

8.1 星轨（使用Stardust插件）

实例位置	实例文件 > CH08 > 星轨（使用Stardust插件）
教学视频	星轨（使用Stardust插件）.mp4
学习目标	掌握Motion节点的使用方法

新建合成

新建合成，将"合成名称"设置为"星轨"，设置合成大小为1920px×1080px、"持续时间"为10秒，单击"确定"按钮，如图8-1所示。

添加Stardust效果

01 按快捷键Ctrl+Y新建纯色层，将其命名为Stardust，为其添加Superiuminal-Stardust（星尘粒子插件）效果。设置Emitter（发射器）下的 Type（类型）为Box（盒子）、Emitting（发出）为Once（一次）、Particles Per Second（每秒粒子数）为10000、Speed（速度）为0、Size X(x轴上的大小）为800、Size Y(y轴上的大小）为800、Size Z(z轴上的大小）为0，如图8-2所示。

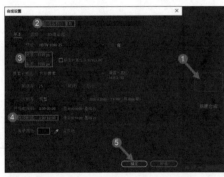

图8-1

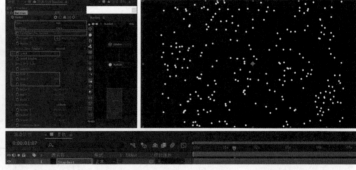

图8-2

02 设置Particle（粒子）下的Life(Seconds)（生命/秒）为10、Particle Properties（粒子性质）下的Size（大小）为1，如图8-3所示。

添加Motion节点

添加Motion(运动)节点并连接Particle(粒子)节点，设置Motion Type(运动类型)为Circle(圆)、Speed(速度)为5，如图8-4所示。

图8-3

图8-4

添加辅助粒子

01 添加Auxiliary(辅助) 节点并连接Motion(运动) 节点，设置Particles Per Second (每秒粒子数) 为25、Speed (速度) 为0，添加Particle (粒子) 节点并连接Auxiliary (辅助) 节点，如图8-5所示。

图8-5

02 选择与Auxiliary(辅助) 节点连接的Particle(粒子) 节点，设置Life(Seconds)(生命/秒) 为5、Particle Properties (粒子性质) 下的Size(Pixels) (大小/像素) 为1，如图8-6所示。

图8-6

调节粒子大小

将Over Life(生命周期) 下的Size(大小) 调整为由大到小，如图8-7所示。

图8-7

修改颜色

设置Particle(粒子) 下的Particle Color(粒子颜色) 为Random From Gradient(从梯度随机)、Color Gradient(颜色梯度) 为Presets(预设)，选择一种预设并修改颜色，设置Transfer Mode(叠加模式) 为Add(相加)，如图8-8所示。

图8-8

添加发光效果

添加"发光"效果，设置"发光阈值"为75%、"发光半径"为60，如图8-9所示。

图8-9

预览、输出

将时间线放在0秒处并按Space键预览效果。将时间线放在0秒处，按快捷键Ctrl+M跳转到"渲染队列"面板，设置"输出模块"为"自定义：QuickTime"、"输出到"为"星轨.mov"，单击"星轨.mov"，在弹出的"将影片输出到："对话框中设置导出路径和文件名，保存后单击面板右上角的"渲染"按钮 渲染 ，如图8-10所示。

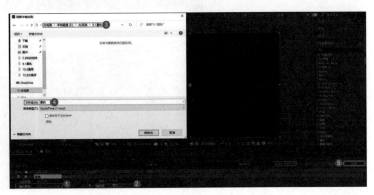

图8-10

8.2 星云（使用Trapcode Form插件）

实例位置	实例文件＞CH08＞星云（使用Trapcode Form插件）
教学视频	星云（使用Trapcode Form插件）.mp4
学习目标	掌握贴图映射的使用方法

新建合成

新建合成，设置"合成名称"为"星云"，设置合成大小为1920px×1080px、"持续时间"为10秒，单击"确定"按钮，如图8-11所示。

添加Form插件

按快捷键Ctrl+Y新建纯色层，将其命名为Form，为其添加RG Trapcode-Form(红巨人形态粒子Form插件) 效果。设置Base Form(基础形态) 下的Size X(x轴上的大小) 为1000、Size Y(y轴上的大小) 为1000、Size Z(z轴上的大小) 为0、Particles in X(x轴粒子数) 为2000、Particles in Y(y轴粒子数) 为2000、Particles in Z(z轴粒子数) 为1、Transform(变换) 的X Rotation(x轴旋转) 为0x-60°，如图8-12所示。

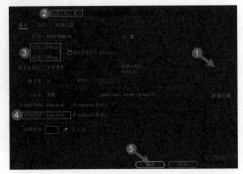

图8-11

用图层贴图映射星云

按快捷键Ctrl+Alt+Shift+C创建摄像机，按快捷键Ctrl+I导入星云图片素材，将其拖曳到"时间轴"面板中。按快捷键Ctrl+Shift+C进行预合成，将所有属性移动到新层中，将其命名为"星云图"并隐藏。在Form中设置Layer Maps(Master)(主图层贴图) 下的Color and Alpha(颜色和Alpha) 下的Layer(图层) 为"3.星云"、Map Over (贴图映射) 为XY，调整摄像机的位置，如图8-13所示。

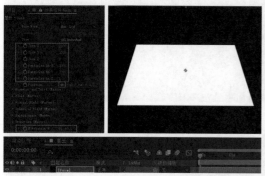

图8-12

图8-13

增大对比度

选择"星云图"层并按快捷键Ctrl+Shift+C进行预合成，将所有属性移动到新层中，将其命名为"星云图"。双击"星云"合成，选择"星云图"层并按快捷键Ctrl+D复制该层，为上层"星云图"层添加"色调"效果；继续添加"曲线"效果，通过修改曲线来增大对比度，在下层"星云图"层的"轨道遮罩"中选择"亮度遮罩'星云图'"，如图8-14所示。

图8-14

设置贴图映射Alpha

回到"星云"合成，设置Form下的Layer Maps(Master)(主图层贴图) 下的Color and Alpha(颜色和Alpha) 下的Functionality(功能) 为RGBA to RGBA，如图8-15所示。

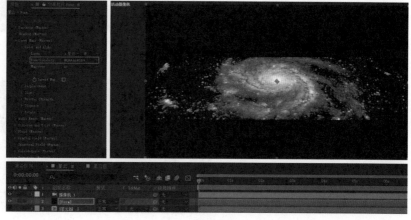

图8-15

制作置换贴图

01 双击"星云图"合成，让上层"星云图"层关联下层"星云图"层，选择下层"星云图"层并按S键调出"缩放"属性，设置"缩放"为（140%,140%）。选择上层"星云图"层，使用"椭圆工具" 绘制一个椭圆，设置"蒙版羽化"为（200像素,200像素）、"蒙版扩展"为－100像素，如图8-16所示。

图8-16

02 回到"星云"合成，在Form下设置Layer Maps(Master)(主图层贴图)下的Displacement(置换)下的Layer for XYZ为"3.星云"、Map Over(贴图映射)为XY、Strength(强度)为－20，如图8-17所示。

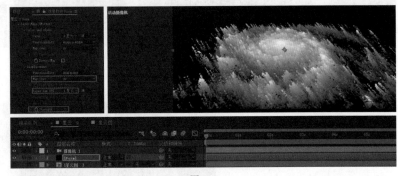

图8-17

03 设置Transform(Master)(主变换)下的Y Offset(y轴偏移)为40，如图8-18所示。

图8-18

04 设置Particle(Master)(主粒子)下的Size(大小)为1，如图8-19所示。

图8-19

增加细节

01 设置Spherical Field(Master)(主球形场)下的Sphere 1(球形1)下的Strength(强度)为20、Scale X(x轴尺寸)为200、Z Rotation(z轴旋转)为0x+50°，如图8-20所示。

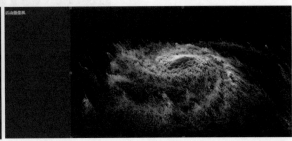

图8-20

02 选择Form层并按快捷键Ctrl+D复制该层，设置Displacement(置换)下的Strength(强度) 为20，如图8-21所示。

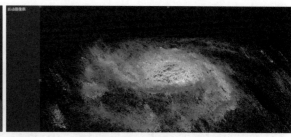

图8-21

03 选择"星云"合成，按快捷键Ctrl+Shift+C进行预合成，将所有属性移动到新合成中，并将其命名为"星云图 合成1"。双击"星云图 合成1"合成，按快捷键Ctrl+Shift+C进行预合成，将所有属性移动到新层中，得到"星云图 合成2"层，如图8-22所示。

图8-22

添加色调和曲线效果

01 回到"星云"合成，选择"星云图 合成1"层，按快捷键Ctrl+D复制该层。选择上层"星云图 合成1"层并为其添加"色调"效果；继续添加"曲线"效果，通过修改曲线来增加对比度，如图8-23所示。

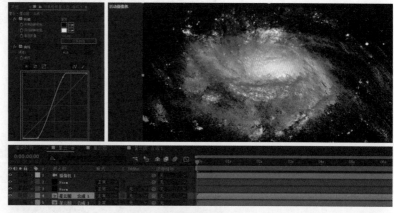

图8-23

02 将上层"星云图 合成1"层关联到下层"星云图 合成1"层，选择下层"星云图 合成1"层并按S键调出"缩放"属性，设置"缩放"为（150%，150%）；选择上层"星云图 合成1"层并用"椭圆工具"绘制椭圆，设置"蒙版羽化"为（200像素，200像素）、"蒙版扩展"为－100像素，如图8-24所示。

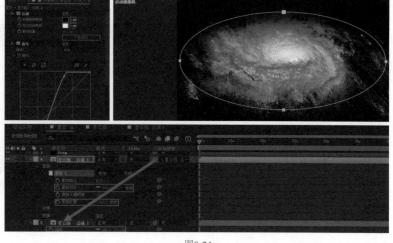

图8-24

03 在"项目"面板中将"星云图 合成1"合成拖曳到"星云"合成的"时间轴"面板中，并放在两个Form层之间，将两个Form层单独显示。打开"星云图 合成1"层的三维开关，按R键和S键调出"旋转"和"缩放"属性，设置"缩放"为（60%,60%,60%）、"X轴旋转"为0x－60°，如图8-25所示。

图8-25

04 单独显示上层Form层和"星云图 合成1"层，设置混合模式都为"屏幕"(按F4键切换)；选择"星云图 合成1"层，双击"椭圆工具" ，设置"蒙版羽化"为（800像素,800像素）、"蒙版扩展"为－400像素，如图8-26所示。

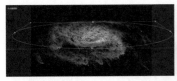 

图8-26

添加发光效果

按快捷键Ctrl+Alt+Y新建"调整图层1"，并为其添加"曲线"效果，增加对比度；添加"发光"效果，设置"发光阈值"为92%、"发光半径"为80，如图8-27所示。

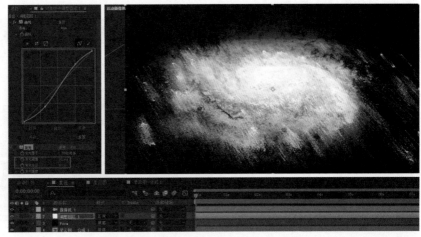

图8-27

添加色相/饱和度效果

01 选择"调整图层1"，为其添加"色相/饱和度"效果，设置"主饱和度"为30，如图8-28所示。

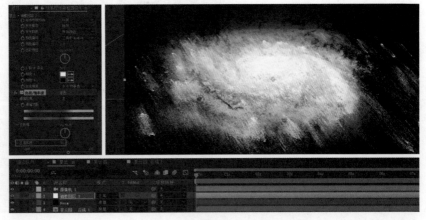

图8-28

02 选择"摄像机1"层并按A键和P键调出"目标点"和"位置"属性。在0秒处设置"位置"和"目标点"的关键帧，调整摄像机的位置，如图8-29所示。

图8-29

03 在结束帧处继续调整摄像机的位置，如图8-30所示。

图8-30

预览、输出

将时间线放在0秒处并按Space键预览效果。将时间线放在0秒处，按快捷键Ctrl+M跳转到"渲染队列"面板，设置"输出模块"为"自定义：QuickTime"、"输出到"为"星云.mov"，单击"星云.mov"，在弹出的"将影片输出到："对话框中设置导出路径和文件名，保存后单击面板右上角的"渲染"按钮（渲染），如图8-31所示。

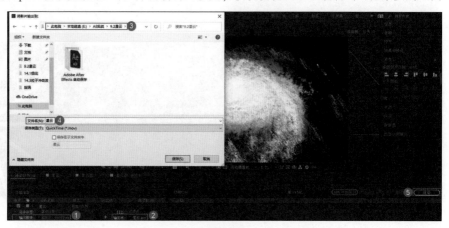

图8-31

8.3 宇宙星云

实例位置	实例文件 > CH08 > 宇宙星云
教学视频	宇宙星云.mp4
学习目标	掌握星云的制作方法

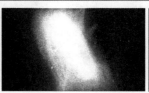

8.4 星空（使用Stardust插件）

实例位置	实例文件＞CH08＞星空（使用Stardust插件）
教学视频	星空（使用Stardust插件）.mp4
学习目标	掌握Field场的使用方法

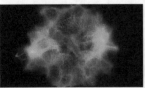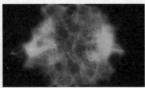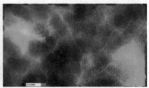

新建合成

新建合成，将"合成名称"设置为"星空"，设置合成大小为1920px×1080px、"持续时间"为10秒，单击"确定"按钮，如图8-32所示。

添加Stardust插件

按快捷键Ctrl+Y新建纯色层，并将其命名为［Stardust］，为其添加Stardust(星尘粒子插件)效果。设置Emitter(发射器)下的Type(类型)为Grid(网格)、Emitting(发出)为Once(一次)、Speed(速度)为0、Size X(x轴上的大小)为1000、Size Y(y轴上的大小)为1000、Size Z(z轴上的大小)为1000，设置Grid Properties(网格属性)的Grid type(网格类型)为Sphere(球形)、Grid X(x轴网格)为500，如图8-33所示。

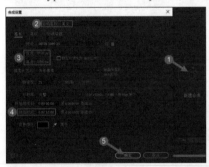

图8-32

图8-33

创建摄像机并调整

设置Emitter(发射器)下的Grid Y(y轴网格)为300，设置Particle(粒子)下的Life(Seconds)(生命/秒)为20、Particle Properties(粒子属性)下的Size(Pixels)(大小/像素)为1、Size Random(大小随机值)为100、Particle Color(粒子颜色)为Random From Gradient(梯度随机)。按快捷键Ctrl+Alt+Shift+C创建摄像机，将摄像机的范围拖曳为一个椭圆形，如图8-34所示。

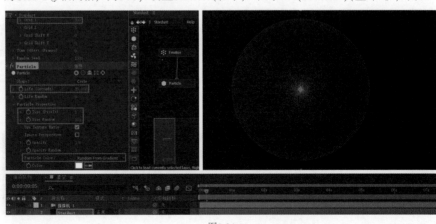

图8-34

设置粒子颜色

设置Color Gradient(四色渐变)为Presets(预设),选择Color14,如图8-35所示。

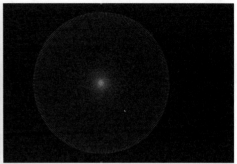

图8-35

添加Turbulence节点

添加Turbulence(湍流)节点并连接Particle(粒子)节点,设置Position offset(位置偏移)为500、Noise Scale(噪波范围)为1000、Noise Levels(噪波级别)为2,如图8-36所示。

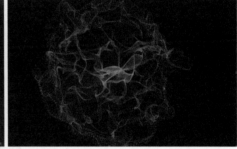

图8-36

添加Field节点

添加Field(场)节点并连接Turbulence(湍流)节点,设置Amount(数量)为-50、Field Properties(场属性)下的Size(大小)为2200、Size Y(y轴上的大小)为2200、Size Z(z轴上的大小)为2200,如图8-37所示。

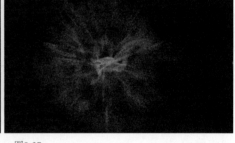

图8-37

再次添加Turbulence节点

再次添加Turbulence(湍流)节点并连接Particle(粒子)节点和Field(场)节点,设置Position offset(位置偏移)为250、Noise Scale(噪波范围)为1000、Noise Levels(噪波级别)为1,如图8-38所示。

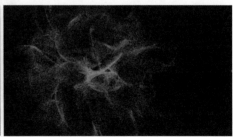

图8-38

制作云层

01 选择Stardust层，按快捷键Ctrl+D复制该层。选择上层Stardust层，按Enter键将其重命名为"云"，删除"云"层底部的Turbulence效果。设置Particle(粒子)下的Shape(形状)为Cloud(云)，设置Particle Properties(粒子属性)下的Size(Pixels)(大小/像素)为36、Opacity(不透明度)为1、Birth Chance(出生机会)为5，如图8-39所示。

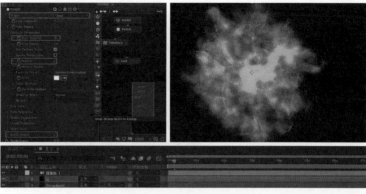

图8-39

02 选择"云"层，设置Particle Properties(粒子属性)下的Transfer Mode(叠加模式)为Screen(屏幕)，设置Cloud Properties(云属性)下的Aspect(方向)为80、Density(密度)为200，如图8-40所示。

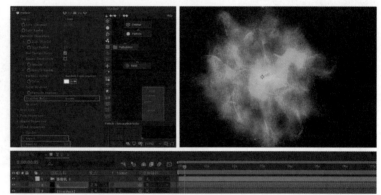

图8-40

03 选择"云"层，设置Emitter(发射器)下的Size X(x轴上的大小)为1200、Size Y(y轴上的大小)为1200、Size Z(z轴上的大小)为1200，如图8-41所示。

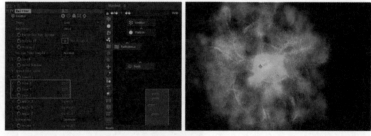

图8-41

制作星云层

01 按快捷键Ctrl+Y新建纯色层，并将其命名为"星云"，为其添加Stardust(星尘粒子插件)效果。设置Emitter(发射器)下的Type(类型)为Grid(网格)、Emitting(发出)为Once(一次)、Size X(x轴大小)为5000、Size Y(y轴大小)为5000、Size Z(z轴大小)为5000，如图8-42所示。

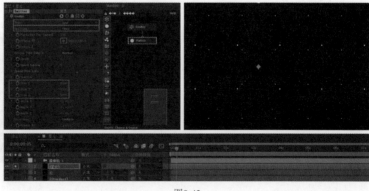

图8-42

02 选择"星云"层，设置Emitter(发射器)下的Grid Properties(网格属性)下的Grid type(网格类型)为Sphere(球形)、Grid X(x轴网格)为200、Grid Y(y轴网格)为200；为其添加Turbulence(湍流)节点并连接Particle(粒子)节点，设置Position offset(位置影响)为600，如图8-43所示。

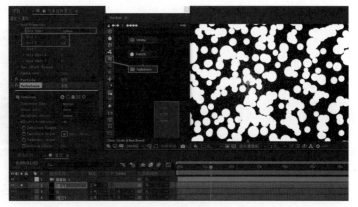

图8-43

03 选择"星云"层，在Particle(粒子)下设置Particle Properties(粒子属性)下的Size(Pixels)(大小/像素)为1，将"星云"层放在底层并设置为单独显示状态，如图8-44所示。

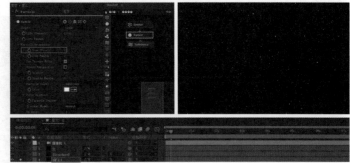

图8-44

04 在"星云"层中添加Transform(变换)节点并连接Turbulence(湍流)节点，设置Position X(x轴位置)为-250，取消"星云"层的单独显示状态，如图8-45所示。

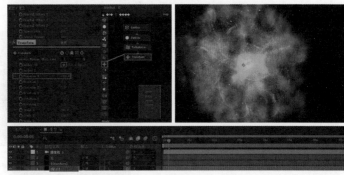

图8-45

添加CC Vector Blur效果

选择"云"层，为其添加CC Vector Blur(CC矢量模糊)效果，设置Amount(数量)为50、Ridge Smoothness(边缘平滑)为0.5、Map Softness(贴图柔和度)为30，如图8-46所示。

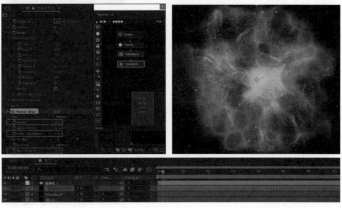

图8-46

添加发光效果

选择Stardust层，为其添加"发光"效果，设置"发光阈值"为60%、"发光半径"为112，如图8-47所示。

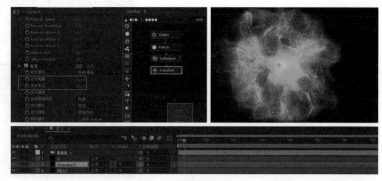

图8-47

复制层并修改

01 选择Stardust层，按快捷键Ctrl+D复制该层。设置上层Stardust层的混合模式为"屏幕"，为该层添加CC Vector Blur（CC矢量模糊）效果，设置Type（类型）为Direction Center（方向中心）、Amount（数量）为30，如图8-48所示。

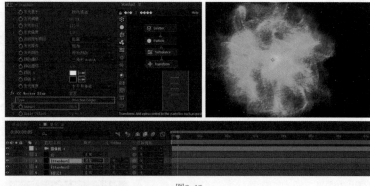

图8-48

02 在上层Stardust层的Particle（粒子）下设置Particle Properties（粒子属性）下的Size（大小）为1、Birth Chance（出生机会）为60，如图8-49所示。

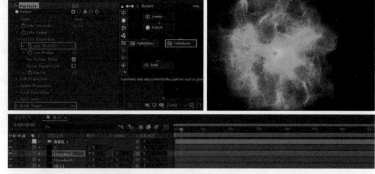

图8-49

03 按C键激活摄像机，并调整摄像机的角度。删除上层Stardust层的Field（场）节点，设置第2个Turbulence（湍流）节点的Position offset（位置偏移）为1500，如图8-50所示。

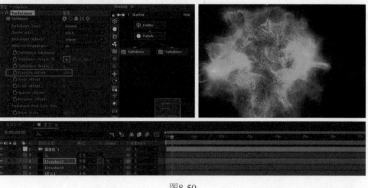

图8-50

添加Shine插件

　　按快捷键Ctrl+Alt+Y新建"调整图层2"，并为其添加Shine(红巨人光线插件Shine)效果。设置Pro-Process下的Threshold(阈值)为100、Colorize(着色)为Radioaktiv(放射)。选择"调整图层2"并按T键调出"不透明度"属性，设置"不透明度"为30%，如图8-51所示。

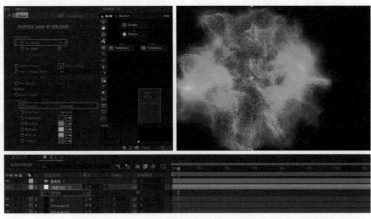

图8-51

制作星层

01 选择下层Stardust层并按快捷键Ctrl+D复制该层。将复制的层放在"云"层下，按Enter键将其重命名为Star，然后单独显示。设置Star层的Field(场)下的Amount(数量)为-90、Turbulence(湍流)下的Position offset(位置偏移)为1000，如图8-52所示。

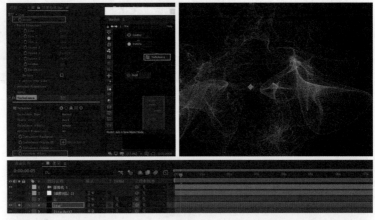

图8-52

02 设置Star层的Emitter(发射器)下的Grid Properties(网格属性)下的Grid X(x轴网格)为50、Grid Y(y轴网格)为50，设置Particle(粒子)中Particle Properties(粒子属性)的Size(Pixels)(大小/像素)为2、Particle Color(粒子颜色)为Solid Color(纯色)，如图8-53所示。

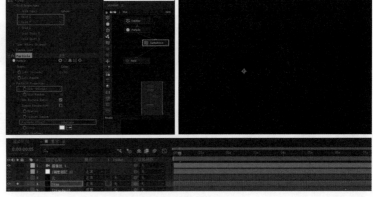

图8-53

为摄像机位置制作关键帧动画

01 选择"摄像机1"层并按P键调出"位置"属性，在0秒处为摄像机的"位置"设置关键帧，取消Star层的单独显示状态，如图8-54所示。

图8-54

02 在5秒处调整摄像机的位置，如图8-55所示。

图8-55

03 在结束帧处调整摄像机的位置，如图8-56所示。

图8-56

预览、输出

将时间线放在0秒处并按Space键预览效果。将时间线放在0秒处，按快捷键Ctrl+M跳转到"渲染队列"面板，设置"输出模块"为"自定义:QuickTime"、"输出到"为"星空.mov"，单击"星空.mov"，在弹出的"将影片输出到:"对话框中设置导出路径和文件名，保存后单击面板右上角的"渲染"按钮（渲染），如图8-57所示。

图8-57

8.5 星空轨迹

实例位置	实例文件 > CH08 > 星空轨迹
教学视频	星空轨迹.mp4
学习目标	掌握轨迹动画的制作方法

8.6 粒子星轨（使用Trapcode Particular插件）

实例位置	实例文件＞CH08＞粒子星轨（使用Trapcode Particular插件）
教学视频	粒子星轨（使用Trapcode Particular插件）.mp4
学习目标	掌握星轨动画的制作方法

新建合成

新建合成，将"合成名称"设置为"粒子星轨"，设置合成大小为1920px×1080px、"持续时间"为10秒，单击"确定"按钮，如图8-58所示。

添加Particular插件

01 按快捷键Ctrl+Y新建纯色层，并将其命名为Particle，为其添加RG Trapcode-Particular(红巨人粒子插件Particular)效果，设置Emitter(Master)(主发射器) 下的Particles/sec(每秒粒子数) 为400、Velocity为700，如图8-59所示。

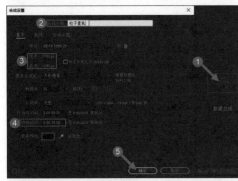  

图8-58　　　　　　　　　　　　　　　　　图8-59

02 设置Particle(Master)(主粒子) 下的Size(大小) 为1、Size Random(大小随机值) 为100%、Color Random(颜色随机值) 为50%，将时间线往前拖动到0秒处，将后面的时间轴拉满至10秒，如图8-60所示。

 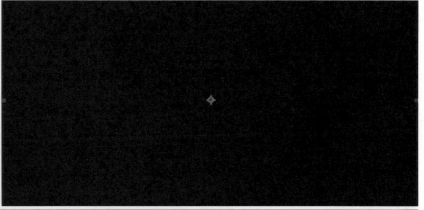

图8-60

03 设置Physics(Master)(主物理) 下的Physics Time Factor(物理时间因子) 为1，在0秒处设置关键帧，如图8-61所示。

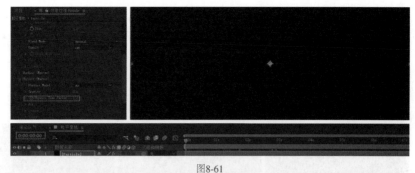

图8-61

04 按PageDown键跳转到下一帧（在第1帧处），设置Physics Time Factor(物理时间因子) 为0，如图8-62所示。

图8-62

摄像机旋转表达式

按快捷键Ctrl+Alt+Shift+C创建摄像机，按R键调出旋转属性，按住Alt键单击"Z轴旋转"左侧的码表，激活表达式，输入time*5，如图8-63所示。

图8-63

预合成并添加残影效果

按快捷键Ctrl+A全选层，按快捷键Ctrl+Shift+C进行预合成，将所有属性移动到新层中，将其命名为"粒子"，为新层添加"残影"效果，在0秒处设置"残影数量"为50并设置关键帧，如图8-64所示。

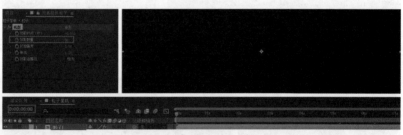

图8-64

制作星轨动画

在1秒处设置"残影数量"为300、"衰减"为0.98；添加"发光"效果，设置"发光阈值"为11%、"发光半径"为50，如图8-65所示。

图8-65

预览、输出

将时间线放在0秒处并按Space键预览效果。将时间线放在0秒处，按快捷键Ctrl+M跳转到"渲染队列"面板，设置"输出模块"为"自定义：QuickTime"、"输出到"为"粒子星轨.mov"，单击"粒子星轨.mov"，在弹出的"将影片输出到："对话框中设置导出路径和文件名，保存后单击面板右上角的"渲染"按钮 渲染，如图8-66所示。

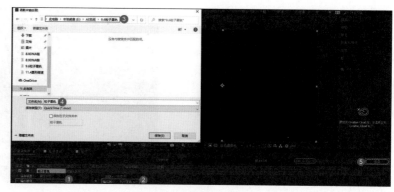

图8-66

8.7 星轨（使用Trapcode 3D Stroke插件）

实例位置	实例文件＞CH08＞星轨（使用Trapcode 3D Stroke插件）
教学视频	星轨（使用Trapcode 3D Stroke插件）.mp4
学习目标	掌握星轨的制作方法

8.8 旋转星云（使用Trapcode Particular插件）

实例位置	实例文件＞CH08＞旋转星云（使用Trapcode Particular插件）
教学视频	旋转星云（使用Trapcode Particular插件）.mp4
学习目标	掌握粒子渐变色的设置方法

新建合成

新建合成，将"合成名称"设置为"旋转星云"，设置合成大小为1920px×1080px、"持续时间"为10秒，单击"确定"按钮，如图8-67所示。

图8-67

添加Particular插件

按快捷键Ctrl+Y新建纯色层，并将其命名为Particular，为其添加RG Trapcode-Particular(红巨人粒子插件Particular) 效果。设置Direction(方向) 为Directional(定向的)、Velocity(速率) 为690、Velocity Random(速率随机值) 为80%，如图8-68所示。

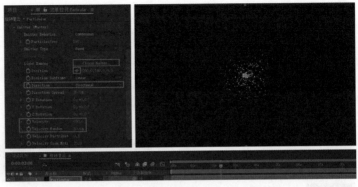

图8-68

使用辅助系统

在Aux System(Master)(主辅助系统)下设置Emit(发射) 为Continuously(连续的)、Particles/sec(每秒粒子数) 为150，如图8-69所示。

图8-69

设置粒子大小和不透明度生命周期

设置Particle(粒子) 下的Size over Life(大小生命周期) 为PRESETS(预设)，选择一种预设，让粒子随生命增长而逐渐变小；设置Opacity over Life(不透明度生命周期) 为PRESETS(预设)，选择一种预设，让粒子随生命增长而逐渐变透明，如图8-70所示。

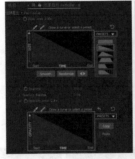

图8-70

调整辅助系统的粒子大小和不透明度生命周期

在Aux System(Master)(主辅助系统)下设置Size over Life(大小生命周期) 为PRESETS(预设)，选择一种预设，让粒子随生命增长而逐渐变小；设置Opacity over Life(不透明度生命周期) 为PRESETS(预设)，选择一种预设，让粒子随生命增长而逐渐变透明，如图8-71所示。

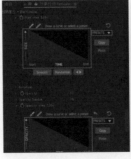

图8-71

继承主粒子颜色

在Aux System(Master)(主辅助系统)下设置Life[sec](生命/秒)为1.5、Color From Main(继承主粒子颜色)为100%，如图8-72所示。

图8-72

修改粒子渐变色

在Particle(Master)(主粒子)中设置Set Color(设置颜色)为Over Life(随生命值变化)，设置Color over Life(颜色生命周期)为PRESETS，选择一种预设并修改颜色，如图8-73所示。

图8-73

添加CC Flo Motion效果

按快捷键Ctrl+Alt+Y新建"调整图层1"，为其添加CC Flo Motion(CC万花筒)效果，调整Knot1和Knot2的位置，设置Amount1(数量1)为60、Amount2(数量2)为60，如图8-74所示。

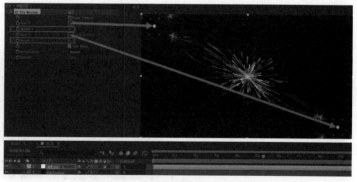

图8-74

添加旋转扭曲效果

按快捷键Ctrl+A全选层，按快捷键Ctrl+Shift+C进行预合成，将所有属性移动到新层中，将其命名为"线条"，并为其添加"旋转扭曲"效果，设置"角度"为1x+170°、"旋转扭曲半径"为24，如图8-75所示。

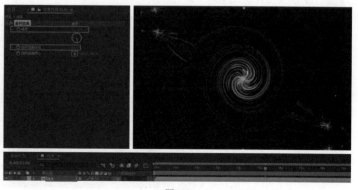

图8-75

绘制蒙版羽化边缘

选择"线条"层，使用"椭圆工具"■在合成中心绘制一个椭圆形。按F键调出"蒙版羽化"属性，设置"蒙版羽化"为（60像素，60像素）。打开"线条"层的三维开关，选中"线条"层并按R键调出旋转属性，设置"X轴旋转"为0x－60°，如图8-76所示。

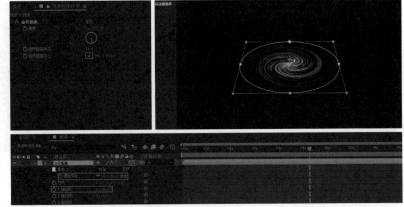

图8-76

添加发光效果

选择"线条"层并为其添加"发光"效果，设置"发光阈值"为97%、"发光半径"为55；选择"发光"效果并按快捷键Ctrl+D复制该效果，设置"发光2"的"发光阈值"为16%，如图8-77所示。

图8-77

添加快速方框模糊效果

添加"快速方框模糊"效果，设置"模糊半径"为3，如图8-78所示。

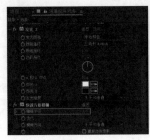

图8-78

添加CC Star Burst效果

按快捷键Ctrl+Y新建纯色层，设置"颜色"为白色，将其命名为"星"，为其添加CC Star Burst（CC星爆）效果，设置Scatter（分散）为800、Speed（速度）为0.18，如图8-79所示。

图8-79

预览、输出

将时间线放在0秒处并按Space键预览效果。将时间线放在0秒处，按快捷键Ctrl+M跳转到"渲染队列"面板，设置"输出模块"为"自定义：QuickTime"、"输出到"为"旋转星云.mov"，单击"旋转星云.mov"，在弹出的"将影片输出到："对话框中设置导出路径和文件名，保存后单击面板右上角的"渲染"按钮 渲染，如图8-80所示。

图8-80

8.9 银河星系（使用Stardust插件）

实例位置	实例文件＞CH08＞银河星系（使用Stardust插件）
教学视频	银河星系（使用Stardust插件）.mp4
学习目标	掌握棒旋结构的制作方法

8.10 黑洞（使用Stardust、Saber插件）

实例位置	实例文件＞CH08＞黑洞（使用Stardust、Saber插件）
教学视频	黑洞（使用Stardust、Saber插件）.mp4
学习目标	掌握动作节点的设置方法

新建合成

新建合成，将"合成名称"设置为"黑洞"，设置合成大小为1920px×1080px、"持续时间"为10秒，单击"确定"按钮，如图8-81所示。

图8-81

添加Stardust插件

按快捷键Ctrl+Y新建纯色层，将其命名为"蒙版"，使用"椭圆工具" ■ 在"合成"面板中心绘制一个椭圆形。按快捷键Ctrl+Y新建纯色层，将其命名为Stardust，为其添加Stardust(星尘粒子插件) 效果。设置Emitter(发射器) 下的Type(类型) 为Text/Mask(文本/蒙版)、Particles Per Second(每秒粒子数)为1000、Speed(速度) 为0、Size Z(z轴上的大小) 为0、Path Properties(路径属性) 的Text/Mask Emit Type(文本/蒙版发射类型) 为Edge(边缘)，如图8-82所示。

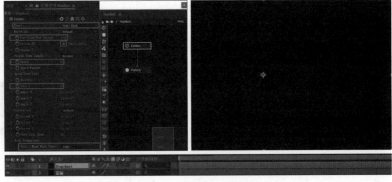

图8-82

蒙版发射粒子

设置Layer Properties(图层属性) 的Layer(图层) 为"2.蒙版"、Particle(粒子) 中Particle Properties(粒子属性) 的Size(Pixels)(大小/像素) 为3，如图8-83所示。

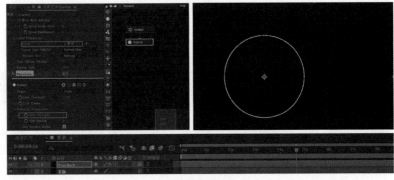

图8-83

添加场节点制作黑洞

01 添加Field(场) 节点并连接Particle(粒子) 节点，设置Field Type(场类型) 为Black Hole(黑洞)、Field Properties(场属性) 下的Randomize(随机性) 为20，设置Affect Over Life(影响生命周期) 为Bezier(贝塞尔曲线)，调整曲线，让粒子随生命的增长而受到场的影响，如图8-84所示。

图8-84

02 在Particle(粒子) 下调整Over Life(生命周期) 的Size(大小) 和Opacity(不透明度) 曲线，让粒子的大小和不透明度随生命的增长而变化，如图8-85所示。

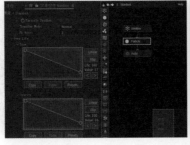

图8-85

添加运动节点

添加Motion(运动)节点并连接Field(场)节点,设置Motion Type(运动类型)为Circle(圆形)、Speed(速度)为20、Speed Random(速度随机值)为50,设置Motion Over Life(运动生命周期)为Bezier(贝塞尔曲线),调整曲线,让粒子的运动随生命的增长而变化,如图8-86所示。

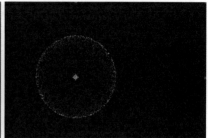

图8-86

添加湍流节点

添加Turbulence(湍流)节点并连接Motion(运动)节点,设置Turbulence Over Life(湍流生命周期)为Bezier(贝塞尔曲线),调整曲线,让粒子随生命的增长而变化,设置Noise Scale(噪波范围)为150、Noise frequency(噪波频率)为20、Fractal Speed(分形速度)为8,如图8-87所示。

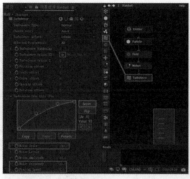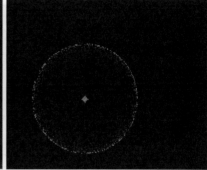

图8-87

添加变换节点

添加Transform(变换)节点并连接Turbulence(湍流)节点,按住Alt单击Rotation Z(z轴旋转)左侧的码表⏱并设置关键帧,激活表达式,输入time*5,如图8-88所示。

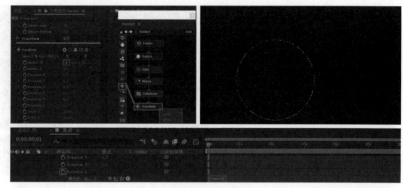

图8-88

增加发射粒子数量

设置Emitter(发射器)下的Particles Per Second(每秒粒子数)为5000,如图8-89所示。

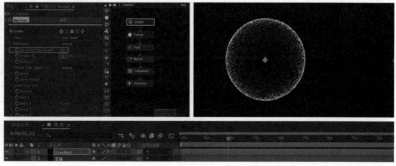

图8-89

修改粒子颜色

在Particle(粒子) 下设置Particle Properties(粒子属性) 下的Size(Pixels) (大小/像素) 为5，修改Color(颜色)，如图8-90所示。

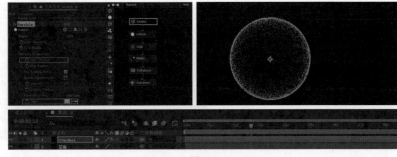

图8-90

添加Saber插件

为"蒙版"层添加Saber效果，设置"预设"为"热浪"，修改"辉光颜色"，设置"辉光强度"为50%、"主体大小"为10、"自定义主体"下的"主体类型"为"遮罩图层"，设置"蒙版"层的混合模式为"相加"，如图8-91所示。

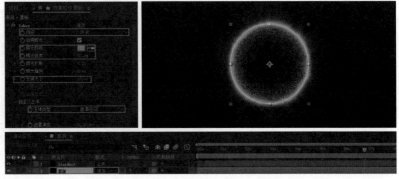

图8-91

细节处理

在"蒙版"层中设置Saber下的"渲染设置"下的"Alpha模式"为"启用遮罩"，勾选"反转遮罩"，如图8-92所示。

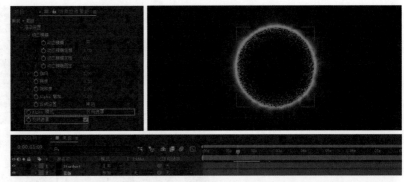

图8-92

添加快速方框模糊效果

按快捷键Ctrl+Alt+Y新建"调整图层2"，并为其添加"快速方框模糊"效果，设置"模糊半径"为2，如图8-93所示。

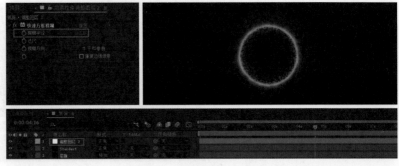

图8-93

预览、输出

将时间线放在0秒处，按Space键预览效果。将时间线放在0秒处，按快捷键Ctrl+M跳转到"渲染队列"面板，设置"输出模块"为"自定义:QuickTime"、"输出到"为"黑洞.mov"，单击"黑洞.mov"，在弹出的"将影片输出到:"对话框中设置导出路径和文件名，保存后单击面板右上角的"渲染"按钮 渲染，如图8-94所示。

图8-94

8.11 太阳（使用Saber、VC Color Vibrance插件）

实例位置	实例文件 > CH08 > 太阳（使用Saber、VC Color Vibrance插件）
教学视频	太阳（使用Saber、VC Color Vibrance插件）.mp4
学习目标	掌握整体提亮的方法

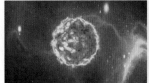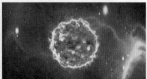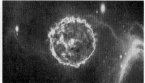

新建合成

新建合成，将"合成名称"设置为"太阳"，设置合成大小为1920px×1080px、"持续时间"为10秒，单击"确定"按钮，如图8-95所示。

添加分形杂色效果

按快捷键Ctrl+Y新建纯色层，将其命名为"分形"，并为其添加"分形杂色"效果。设置"分形类型"为"动态"、"对比度"为120、"亮度"为-20，按住Alt键单击"演化"左侧的码表⏱，激活表达式，输入time*200，如图8-96所示。

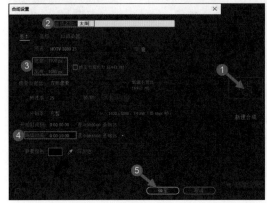

图8-95

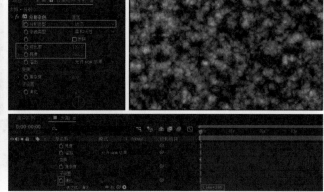

图8-96

添加CC Sphere效果

添加CC Sphere（CC球体）效果，设置Radius（半径）为300、Shading（阴影）下的Ambient（环境光）为100、Diffuse（漫反射）为50；添加VC Color Vibrance（VC着色）效果，设置"Color"为橙色，如图8-97所示。

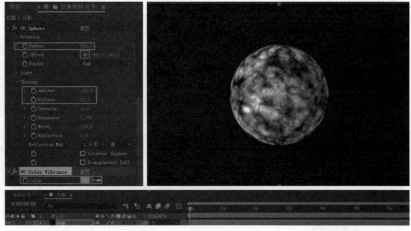

图8-97

添加湍流置换效果

添加"湍流置换"效果，设置"置换"为"凸出"、"大小"为10，按住Alt键单击"演化"左侧的码表，激活表达式，输入time*200，如图8-98所示。

图8-98

添加Saber插件

01 按快捷键Ctrl+Y新建纯色层，将其命名为Saber，使用"椭圆工具"，按住Shift键在合成中心绘制一个圆形，为其添加Saber效果。设置"预设"为"星云"、"辉光颜色"为橙色、"自定义主体"下的"主体类型"为"遮罩图层"，设置Saber层的混合模式为"相加"，如图8-99所示。

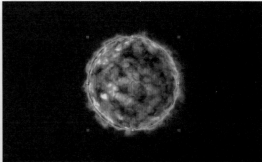

图8-99

02 在Saber下设置"渲染设置"下的"合成设置"为"透明",如图8-100所示。

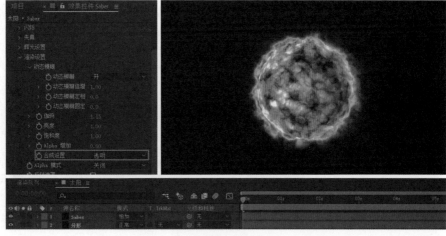

图8-100

整体提亮

按快捷键Ctrl+Alt+Y新建"调整图层2",并为其添加"发光"效果,设置"发光半径"为600;添加CC Glass效果;继续添加"曝光度"效果,设置"曝光度"为1,如图8-101所示。

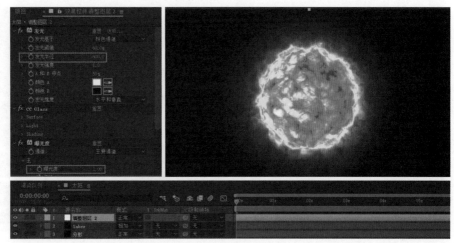

图8-101

设置关键帧

01 在0秒处为"分形杂色"下的"变换"下的"偏移(湍流)"设置关键帧,如图8-102所示。

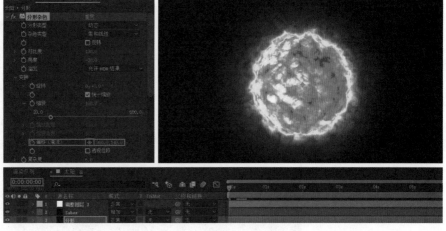

图8-102

02 在结束帧处设置"偏移（湍流）"的x轴数值为1300，如图8-103所示。

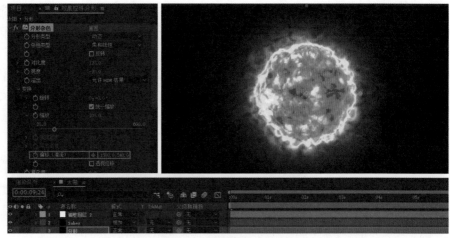

图8-103

添加星云背景

按快捷键Ctrl+A全选层，按快捷键Ctrl+Shift+C进行预合成，将所有属性移动到新合成中，并将其命名为"太阳"。按快捷键Ctrl+I导入星云图片素材，然后将其拖曳到"时间轴"面板中并放在底层，单击鼠标右键，执行"变换"菜单命令，如图8-104所示。

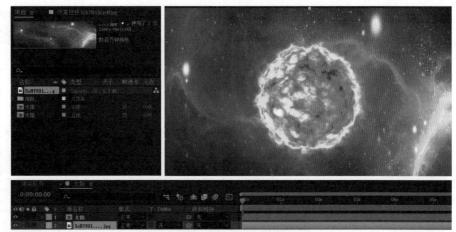

图8-104

预览、输出

将时间线放在0秒处并按Space键预览效果。将时间线放在0秒处，按快捷键Ctrl+M跳转到"渲染队列"面板，设置"输出模块"为"自定义：QuickTime"、"输出到"为"太阳.mov"，单击"太阳.mov"，在弹出的"将影片输出到："对话框中设置导出路径和文件名，保存后单击面板右上角的"渲染"按钮 （渲染），如图8-105所示。

图8-105

8.12 极光

实例位置	实例文件 > CH08 > 极光
教学视频	极光.mp4
学习目标	掌握添加CC Power Pin效果的方法

新建合成

新建合成，将"合成名称"设置为"极光"，设置合成大小为1920px×1080px、"持续时间"为10秒，单击"确定"按钮，如图8-106所示。

添加分形杂色效果

01 按快捷键Ctrl+Y新建纯色层，将其命名为"分形1"，为其添加"分形杂色"效果。设置"分形类型"为"最大值"、"杂色类型"为"样条"，勾选"反转"，取消勾选"统一缩放"，设置"对比度"为1800、"亮度"为25、"缩放宽度"为280、"缩放高度"为150、"复杂度"为1。按住Alt键单击"演化"左侧的码表，激活表达式，输入time*8，设置"演化"的"随机植入"为100，如图8-107所示。

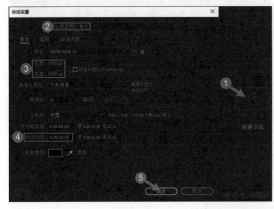

图8-106

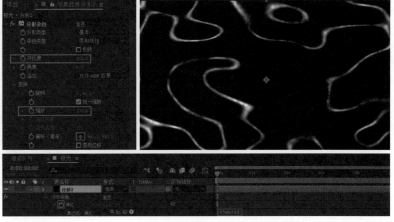

图8-107

02 按快捷键Ctrl+Y新建纯色层，并将其命名为"分形2"，为其添加"分形杂色"效果。设置"对比度"为160、"变换"下的"缩放"为170。按住Alt键单击"演化"左侧的码表，激活表达式，输入time*18，设置该层的混合模式为"相乘"，如图8-108所示。

图8-108

添加四色渐变和CC Radial Blur效果

按快捷键Ctrl+A全选层，按快捷键Ctrl+Shift+C进行预合成，将所有属性移动到新层中，并将其命名为"分形3"。选择"分形3"层并打开三维开关，按R键和S键调出"旋转"和缩放属性，设置"缩放"为（122%，76%，122%），取消锁定"约束比例"，减小y轴数值，设置"X轴旋转"为0x+60°。添加"四色渐变"效果，设置"混合模式"为"颜色"并修改颜色；添加CC Radial Blur(CC放射模糊)效果，设置Type(类型)为Fading Zoom、Amount(数量)为2，如图8-109所示。

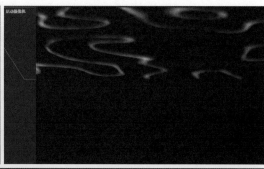

图8-109

复制合成并修改CC Radial Blur效果

01 选择"分形3"层，按快捷键Ctrl+D复制该层，选择上层"分形3"层，按Enter键将其重命名为"分形4"。设置"分形4"层下的CC Radial Blur(CC放射模糊)下的Amount(数量)为6，如图8-110所示。

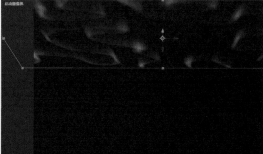

图8-110

02 选择"分形4"层，按快捷键Ctrl+D复制该层，将其重命名为"分形5"。设置"分形5"层下的CC Radial Blur下的Amount(数量)为8，如图8-111所示。

图8-111

03 选择"分形5"层，按快捷键Ctrl+D复制该层，并将其重命名为"分形6"。设置"分形6"层下的CC Radial Blur(CC放射模糊)下的Amount(数量)为10，如图8-112所示。

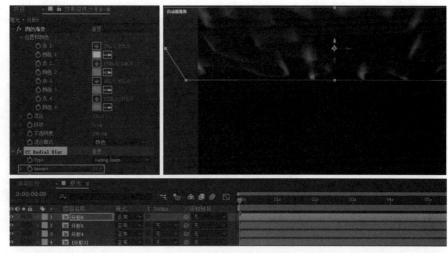

图8-112

04 选择"分形6"层，按快捷键Ctrl+D复制该层，并将其重命名为"分形7"。设置"分形7"层中CC Radial Blur(CC放射模糊)的Amount(数量)为1。将"分形7"层放在"分形3"层下，框选"分形3"~"分形6"层，设置混合模式为"屏幕"，如图8-113所示。

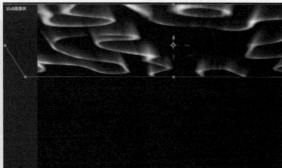

图8-113

05 选择"分形7"层，为其添加"定向模糊"效果，设置"模糊长度"为40。选择"定向模糊"效果并按快捷键Ctrl+C复制，框选"分形3"~"分形6"层，按快捷键Ctrl+V粘贴，为其添加该效果，如图8-114所示。

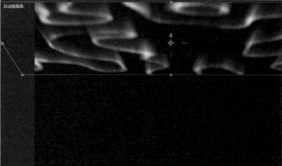

图8-114

场景合成

按快捷键Ctrl+A全选分形层，按快捷键Ctrl+Shift+C进行预合成，将其命名为"极光"。按快捷键Ctrl+I导入雪山背景图片素材并将其拖曳到"时间轴"面板中，为其添加"曲线"效果，通过调整曲线来降低素材亮度，设置"极光"层的混合模式为"屏幕"，如图8-115所示。

图8-115

添加CC Power Pin效果

选择"极光"层，为其添加CC Power Pin效果，调整角点使极光有透视效果，如图8-116所示。

图8-116

预览、输出

将时间线放在0秒处并按Space键预览效果。将时间线放在0秒处，按快捷键Ctrl+M跳转到"渲染队列"面板，设置"输出模块"为"自定义:QuickTime"、"输出到"为"极光.mov"，单击"极光.mov"，在弹出的"将影片输出到:"对话框中设置导出路径和文件名，保存后单击面板右上角的"渲染"按钮 渲染 ，如图8-117所示。

图8-117

8.13 黑洞

实例位置	实例文件 > CH08 > 黑洞
教学视频	黑洞.mp4
学习目标	掌握螺旋吸积盘的制作方法

8.14 虫洞（使用Trapcode Shine插件）

实例位置	实例文件 > CH08 > 虫洞（使用Trapcode Shine插件）
教学视频	虫洞（使用Trapcode Shine插件）.mp4
学习目标	掌握极坐标的使用方法

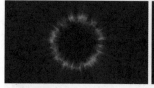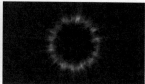

新建合成

新建合成，将"合成名称"设置为"虫洞"，设置合成大小为1920px×1080px、"持续时间"为10秒，单击"确定"按钮，如图8-118所示。

添加分形杂色效果

01 按快捷键Ctrl+Y新建纯色层，将其命名为"分形"，并为其添加"分形杂色"效果。设置"分形类型"为"脏污"，勾选"反转"，取消勾选"统一缩放"，设置"对比度"为140、"亮度"为－10、"缩放宽度"为20、"缩放高度"为400，在0秒处为"偏移（湍流）"和"演化"设置关键帧，如图8-119所示。

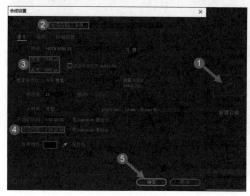

图8-118

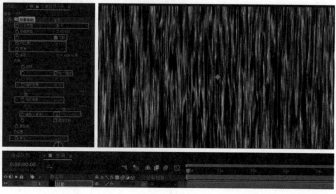

图8-119

02 在6秒处设置"偏移（湍流）"的y轴数值为−100、"演化"为2x+0°，如图8-120所示。

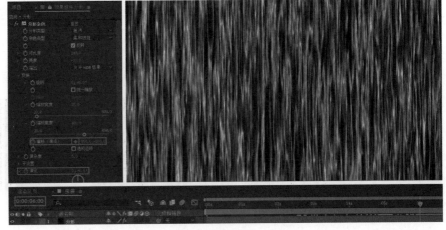

图8-120

使用极坐标效果

为"分形"层添加"线性擦除"效果，设置"过渡完成"为35%、"擦除角度"为0x+0°、"羽化"为150。选择"线性擦除"效果并按快捷键Ctrl+D复制该效果，设置"线性擦除2"下的"过渡完成"为55%、"擦除角度"为0x+180°、"羽化"为300；添加"极坐标"效果，设置"转换类型"为"矩形到极线"、"插值"为100%，如图8-121所示。

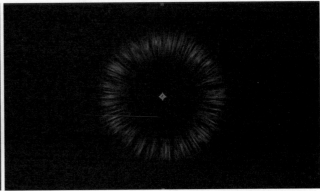

图8-121

预合成并添加曲线效果

选择"分形"层并按快捷键Ctrl+Shift+C进行预合成，将所有属性移动到新层中，并将其命名为"虫洞"，为其添加"曲线"效果，切换通道并调整曲线，增强对比度，如图8-122所示。

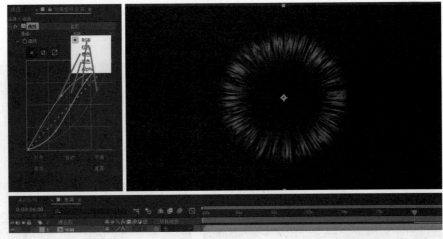

图8-122

添加发光效果

选中"虫洞"层并为其添加"发光"效果，设置"发光阈值"为20%、"发光半径"为60、"发光颜色"为"A和B颜色"，修改"颜色A"和"颜色B"，如图8-123所示。

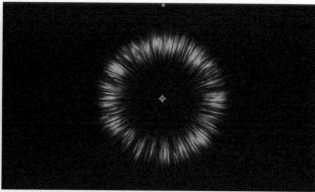

图8-123

添加Shine插件

选中"虫洞"层并为其添加RG Trapcode-Shine（红巨人光线插件Shine）效果，设置Boost Light（光线亮度）为1、Colorize（着色）为Aqualight，修改颜色；添加"三色调"效果，修改"高光"和"中间调"，如图8-124所示。

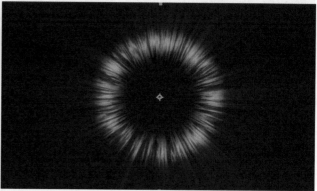

图8-124

添加CC Vector Blur效果

选择"虫洞"层并为其添加CC Vector Blur（CC矢量模糊）效果，设置Amount（数量）为28，如图8-125所示。

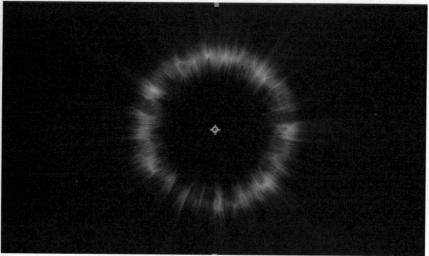

图8-125

添加梯度渐变效果

按快捷键Ctrl+Y新建纯色层，将其命名为BG，并放在底层，为其添加"梯度渐变"效果，修改"起始颜色"和"结束颜色"，设置"渐变起点"和"渐变终点"，如图8-126所示。

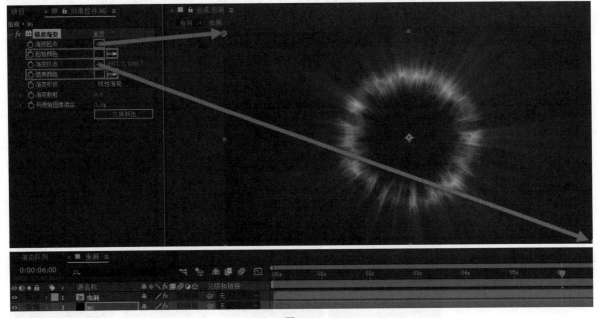

图8-126

预览、输出

将时间线放在0秒处并按Space键预览效果。将时间线放在0秒处，按快捷键Ctrl+M跳转到"渲染队列"面板，设置"输出模块"为"自定义:QuickTime"、"输出到"为"虫洞.mov"，单击"虫洞.mov"，在弹出的"将影片输出到:"对话框中设置导出路径和文件名，保存后单击面板右上角的"渲染"按钮（渲染），如图8-127所示。

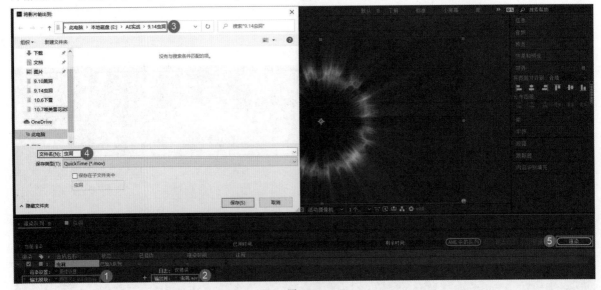

图8-127

第9章 自然元素动画效果

■ **学习目的**

　　本章主要介绍自然元素（风、雨、雪）动画效果的制作方法，这些动画效果经常出现在影视、动漫和游戏中，属于必不可少的环境特效，其制作要点是粒子的应用。

■ **主要内容**

- 龙卷风
- 下雨
- 星雨
- 飘雪

9.1 龙卷风

实例位置	实例文件 > CH09 > 龙卷风
教学视频	龙卷风.mp4
学习目标	掌握添加"毛边"效果的方法

新建合成

新建合成，将"合成名称"设置为"龙卷风"，设置合成大小为1920px×1080px、"持续时间"为10秒，单击"确定"按钮，如图9-1所示。

添加分形杂色效果

01 按快捷键Ctrl+Y新建纯色层，并将其命名为"分形"，为其添加"分形杂色"效果，设置"对比度"为1000、"亮度"为100、"复杂度"为2，在0秒处设置"子位移"为（525,525），并设置关键帧，如图9-2所示。

图9-1

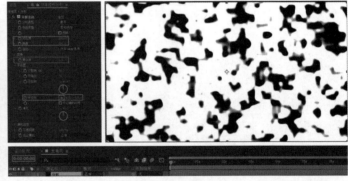

图9-2

02 在结束帧处设置"子位移"为（0,0）；添加UnMult插件，删除黑色部分，如图9-3所示。

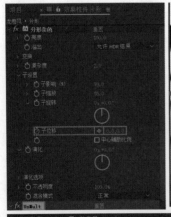

图9-3

添加毛边效果

选择"分形"层，为其添加"毛边"效果，设置"边缘类型"为"刺状"、"边界"为500，"边缘锐度"为0.1、"比例"为200、"伸缩宽度或高度"为10，在0秒处为"偏移(湍流)"设置关键帧，如图9-4所示。

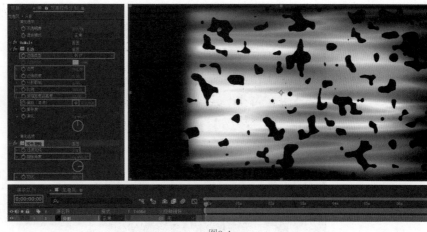

图9-4

添加线性擦除效果

在结束帧处设置"偏移（湍流）"为（720,0）。添加"线性擦除"效果，设置"过渡完成"为20%、"擦除角度"为0x+90°、"羽化"为100。选择"线性擦除"效果并按快捷键Ctrl+D复制该效果，设置"线性擦除2"的"擦除角度"为0x−90°、"羽化"为150。选择"线性擦除2"效果并按快捷键Ctrl+D复制该效果，设置"线性擦除3"的"过渡完成"为10%、"羽化"为100。选择"分形"层并按R键调出"旋转"属性，设置"旋转"为0x−20°，如图9-5所示。

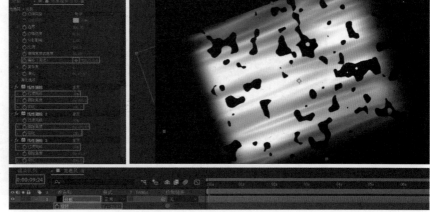

图9-5

整体调整龙卷风

按快捷键Ctrl+Alt+Y新建"调整图层1"，为其添加CC Cylinder效果；继续添加"贝塞尔曲线变形"效果，调整龙卷风的形状；添加"色调"效果，设置"将黑色映射到"和"将白色映射到"均为灰色，如图9-6所示。

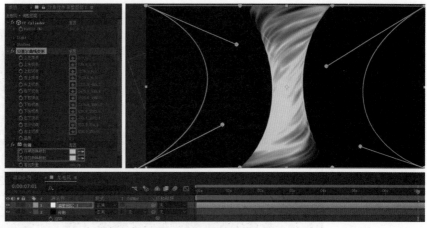

图9-6

添加湍流置换效果

01 为"调整图层1"层添加"湍流置换"效果，设置"数量"为15、"大小"为50，在0秒处设置"偏移（湍流）"为（520，520），并设置关键帧，如图9-7所示。

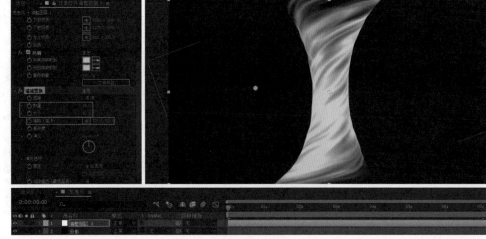

图9-7

02 在结束帧处设置"偏移(湍流)"为（0，0），如图9-8所示。

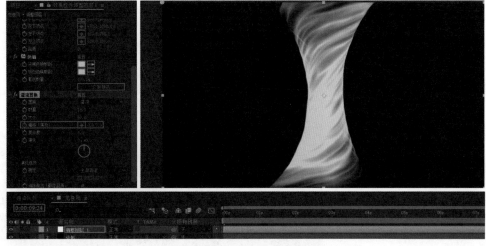

图9-8

预览、输出

将时间线放在0秒处并按Space键预览效果。将时间线放在0秒处，按快捷键Ctrl+M跳转到"渲染队列"面板，设置"输出模块"为"自定义：QuickTime"、"输出到"为"龙卷风.mov"，单击"龙卷风.mov"，在弹出的"将影片输出到："对话框中设置导出路径和文件名，保存后单击面板右上角的"渲染"按钮 渲染 ，如图9-9所示。

图9-9

9.2 下雨（使用Trapcode Particular插件）

实例位置	实例文件 > CH09 > 下雨（使用Trapcode Particular插件）
教学视频	下雨（使用Trapcode Particular插件）.mp4
学习目标	掌握碰撞事件的使用方法

新建合成

新建合成，将"合成名称"设置为"下雨"，设置合成大小为1920px×1080px、"持续时间"为10秒，单击"确定"，如图9-10所示。

添加Particular插件

按快捷键Ctrl+Y新建纯色层，将其命名为"粒子"，为"粒子"层添加RG Trapcode-Particular(红巨人粒子插件Particular) 效果。设置Emitter(Master)(主发射器) 下的Emitter Type(发射器类型) 为Box(盒子)、Direction(方向) 为Directional(定向的)、Direction Spread(方向跨度) 为0%、X Rotation(x轴旋转) 为0x‑90°、Velocity(速率) 为1000，在"粒子"层激活运动模糊，如图9-11所示。

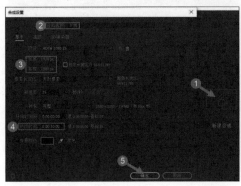

图9-10

图9-11

创建地面

按快捷键Ctrl+I导入路面图片素材，将其拖曳到"时间轴"面板中并放在底层，选择素材并为其添加"曲线"效果，通过调整曲线来降低亮度。按快捷键Ctrl+Y新建纯色层，将其命名为"地面"。选择"地面"层并打开三维开关。按R键调出旋转属性，设置"X轴旋转"为0x‑60°，将其往下移动到刚好覆盖路面（若宽度不够，可以横向拉伸），如图9-12所示。

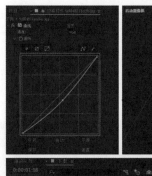

图9-12

碰撞事件

01 选择"粒子"层，设置Physics(Master)(主物理) 下的Physics Model(物理模型) 为Bounce(碰撞)，设置

Bounce(碰撞) 下的
Floor Layer(地面图
层) 为"3.地面"、
Collision Event(碰
撞事件) 为Kill(破
坏)(默认的Bounce
会弹起粒子)。设
置"地面"层的混
合模式为"屏幕"，
如图9-13所示。

图9-13

02 在Aux System
(Master)(主辅助系
统) 下设置Emit(发
射器) 为At Bounce
Event(碰撞事件)，
设置Particle Velocity
(粒子速率) 为20，
如图9-14所示。

图9-14

预览、输出

将时间线放在0秒处并按Space键预览效
果。将时间线放在0秒处，按快捷键Ctrl+M
跳转到"渲染队列"面板，设置"输出模块"
为"自定义:QuickTime"、"输出到"为"下
雨.mov"，单击"下雨.mov"，在弹出的"将
影片输出到:"对话框中设置导出路径和文
件名，保存后单击面板右上角的"渲染"按
钮，如图9-15所示。

图9-15

9.3 星雨（使用Trapcode Particular插件）

实例位置	实例文件＞CH09＞星雨（使用Trapcode Particular插件）
教学视频	星雨（使用Trapcode Particular插件）.mp4
学习目标	掌握叠加变化粒子的方法

新建合成

新建合成，将"合成名称"设置为"星雨"，设置合成大小为1920px×1080px、"持续时间"为10秒，单击"确定"按钮，如图9-16所示。

制作下落粒子

01 按快捷键Ctrl+Y新建纯色层，并将其命名为Particle，为其添加RG Trapcode-Particular(红巨人粒子插件Particular) 效果。设置Particles/sec(每秒粒子数) 为20、Emitter Type(发射器类型) 为Box(盒子)，将Position(位置) 放在合成上方，设置Direction(方向) 为Directional(定向的)、Direction Spread(方向扩散) 为0%、X Rotation (x轴旋转) 为0x+270°、Velocity(速率) 为300、Velocity Random(速率随机值) 为50%、Emitter Size X(x轴发射器大小) 为1777，如图9-17所示。

图9-16

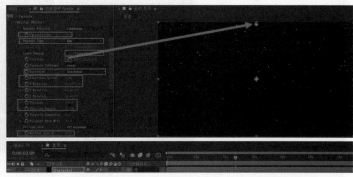

图9-17

02 设置Emitter(发射器) 下的Emission Extras(发射附加) 下的Pre Run(预运行) 为100%，如图9-18所示。

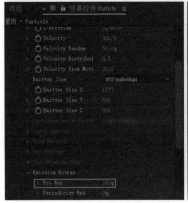

图9-18

制作旋转闪烁的星星

按快捷键Ctrl+N新建合成，设置合成大小为100px×100px，并将其命名为"星星"。按快捷键Ctrl+Y新建纯色层，设置"颜色"为白色，绘制一个正五角星，按R键和T键调出"旋转"和"不透明度"属性。按住Alt键单击"旋转"和"不透明度"左侧的码表，激活表达式，设置"旋转"的表达式为time*5、"不透明度"的表达式为wiggle(20,50)，如图9-19所示。

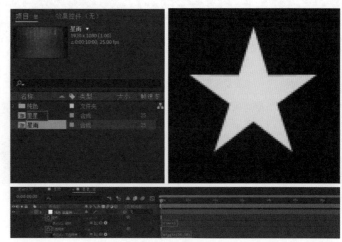

图9-19

粒子发射星星

01 回到"星雨"合成，从"项目"面板中将"星星"合成拖曳到"时间轴"面板中，放在底层并隐藏。设置Particle层下的Particle(Master)(主粒子)下的Particle Type(粒子类型)为Sprite(精灵贴图)、Texture(纹理)的Layer(图层)为"2.星星"、Time Sampling(时间采样)为Random-Loop(随机-循环演示)、Size(大小)为360、Size Random(大小随机值)为50%、Size over Life(大小生命周期)为Randomize(随机化)和Smooth(平滑)，如图9-20所示。

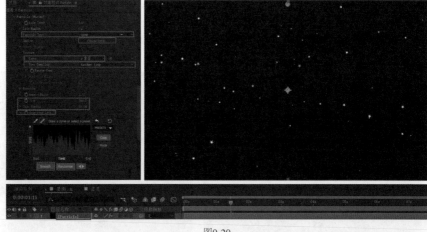

图9-20

02 在Aux System(Master)(主辅助系统)下设置Emit(发射)为Continuously(连续的)、Particles/sec(每秒粒子数)为12、Life[sec](生命)为10、Blend Mode(混合模式)为Add(相加)、Size(大小)为200、Size Random(大小随机值)为50%、Size over Life(大小生命周期)为PRESETS(预设)，选择一种预设，让粒子随生命的增长而越来越小，如图9-21所示。

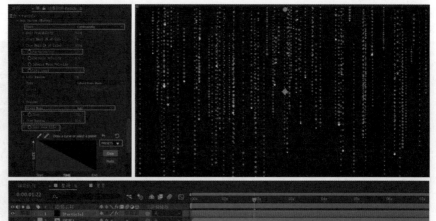

图9-21

调整颜色

为Particle层添加"填充"效果，设置"颜色"为青蓝色，如图9-22所示。

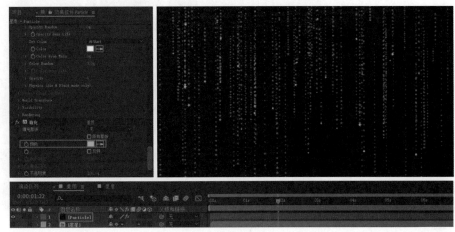

图9-22

创建背景

按快捷键Ctrl+Y新建纯色层，将其命名为BG并放在底层，为其添加"梯度渐变"效果，设置"渐变形状"为"径向渐变"，修改"起始颜色"和"结束颜色"，如图9-23所示。

图9-23

叠加变化粒子

01 选择Particle层并按快捷键Ctrl+D复制该层。设置上层Particle层的Size(大小)为200，修改Emitter(发射器)下的Random Seed(随机种子)，让复制的［Particle］层产生变化，如图9-24所示。

图9-24

02 选择上层Particle层，修改"颜色"为蓝色，如图9-25所示。

图9-25

调整整体色调

按快捷键Ctrl+Alt+Y新建"调整图层1"，将其放在顶层，并为其添加"曲线"效果，切换通道并调整曲线，如图9-26所示；添加"钝化蒙版"效果，设置"数量"为10、"半径"为60、"阈值"为10。

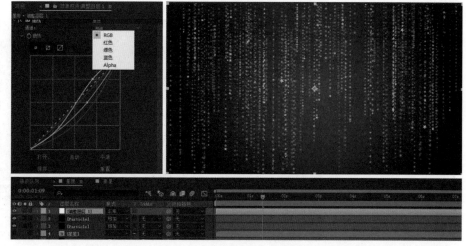

图9-26

点缀背景

01 为"调整图层1"添加"发光"效果，设置"发光阈值"为70%、"发光半径"为40、"发光强度"为0.6，如图9-27所示。

图9-27

02 按快捷键Ctrl+Y新建纯色层，将其命名为"品蓝色 纯色1"，设置"颜色"为蓝色。选中"品蓝色 纯色1"层，然后用"椭圆工具"  在合成上面和下面分别绘制一个椭圆形，按F键调出"蒙版羽化"属性，增大"蒙版羽化"的数值，设置混合模式为"叠加"，如图9-28所示。

图9-28

预览、输出

将时间线放在0秒处并按Space键预览效果。将时间线放在0秒处，按快捷键Ctrl+M跳转到"渲染队列"面板，设置"输出模块"为"自定义:QuickTime"、"输出到"为"星雨.mov"，单击"星雨.mov"，在弹出的"将影片输出到:"对话框中设置导出路径和文件名，保存后单击面板右上角的"渲染"按钮 渲染 ，如图9-29所示。

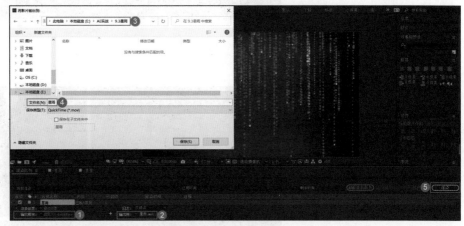

图9-29

9.4 雪花动画（使用Stardust插件）

实例位置	实例文件 > CH09 > 雪花动画（使用Stardust插件）
教学视频	雪花动画（使用Stardust插件）.mp4
学习目标	掌握关键帧动画的制作方法

新建合成

新建合成，将"合成名称"设置为"雪花动画"，设置合成大小为1920px×1080px、"持续时间"为10秒，单击"确定"按钮，如图9-30所示。

图9-30

添加Stardust插件

　　按快捷键Ctrl+Y新建纯色层，将其命名为Stardust，并为其添加Stardust(星尘粒子插件)效果。设置Emitter(发射器)下的Particles Per Second(每秒粒子数)为600、Speed(速度)为18、Speed Random(速度随机值)为39、Direction Span(方向跨度)为120，在0秒处为Origin XY(起源XY)设置关键帧，如图9-31所示。

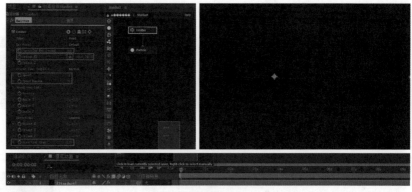

图9-31

设置位置关键帧动画

01 在8秒处设置Origin XY(起源XY)为(960，－10)(沿y轴移动)，如图9-32所示。

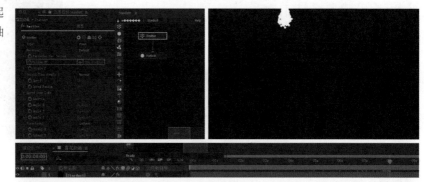

图9-32

02 设置Particle(粒子)下的Life(Seconds)(生命/秒)为6、Particle Properties(粒子属性)下的Size(Pixels)(大小/像素)为1，如图9-33所示。

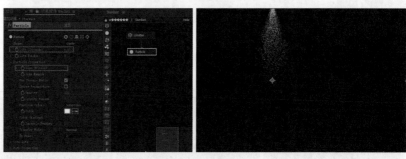

图9-33

03 选择Particle(粒子)节点，按快捷键Ctrl+D复制该节点，将Particle2(粒子2)节点连接到Emitter(发射器)节点。添加Turbulence(湍流)节点并连接Particle(粒子)节点，修改Turbulence Over Life(湍流生命周期)，让湍流随生命增加由小变大。选择Turbulence(湍流)节点，按快捷键Ctrl+D复制该节点，让Turbulence2(湍流2)节点连接Particle2(粒子2)节点，如图9-34所示。

图9-34

04 添加Force(力) 节点并连接
Turbulence(湍流) 节点, 设置
Gravity(重力)为2。选择Force(力)
节点并按快捷键**Ctrl+D**复制该节点,
将其连接到Turbulence2(湍流2)
节点, 如图9-35所示。

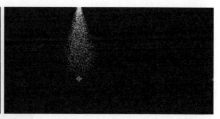

图9-35

添加辅助粒子

01 添加Auxiliary(辅助的) 节
点并连接Force(力) 节点, 设置
Auxiliary(辅助的) 下的Particles
Per Second(每秒粒子数) 为50、
Speed(速度) 为0。添加Particle
(粒子) 节点并连接Auxiliary(辅
助的) 节点, 如图9-36所示。

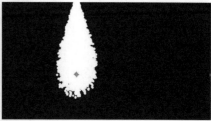

图9-36

02 设置Particle(粒子) 下的
Life(Seconds)(生命/秒) 为4、
Particle Properties(粒子属性) 下
的Size(Pixels)(大小/像素) 为0、
Transfer Mode(传输模式) 为
Screen(屏幕), 如图9-37所示。

图9-37

03 在Particle(粒子) 下设置
Over Life(生命周期) 下的Size
(大小) 为Presets(预设) 下的
Fade Out Linear(线性淡出), 在
右侧选择Bezier(贝塞尔曲线),
如图9-38所示。

图9-38

复制粒子

01 添加Replica(复制) 节点并
连接Particle(粒子) 节点和
Force2(力2) 节点, 设置Offset
(偏移) 下的Angle Z(z轴角度)
为0x+60°、Replicates(重复) 为
5, 如图9-39所示。

图9-39

02 添加Transform（变换）节点并连接Replica（复制）节点，设置Position Z（z轴位置）为−420。选择［Stardust］层并按U键调出关键帧的属性，将Origin XY的第2帧移到结束帧处，如图9-40所示。

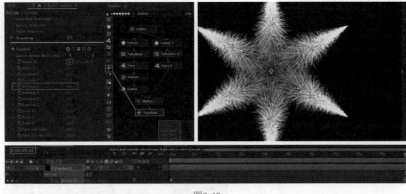

图9-40

预览、输出

将时间线放在0秒处并按Space键预览效果。将时间线放在0秒处，按快捷键Ctrl+M跳转到"渲染队列"面板，设置"输出模块"为"自定义：QuickTime"、"输出到"为"雪花动画.mov"，单击"雪花动画.mov"，在弹出的"将影片输出到："对话框中设置导出路径和文件名，保存后单击面板右上角的"渲染"按钮 渲染，如图9-41所示。

图9-41

9.5 飘雪动画（使用Trapcode Particular插件）

实例位置	实例文件＞CH09＞飘雪动画（使用Trapcode Particular插件）
教学视频	飘雪动画（使用Trapcode Particular插件）.mp4
学习目标	掌握替换贴图的方法

新建合成

新建合成，将"合成名称"设置为"飘雪动画"，设置合成大小为1920px×1080px、"持续时间"为10秒，单击"确定"按钮，如图9-42所示。

图9-42

制作背景

01 按快捷键Ctrl+Y新建纯色层，将其命名为
BG，并为其添加"梯度渐变"效果。设置"渐
变形状"为"径向渐变"、"起始颜色"为深蓝色、
"结束颜色"为黑色，调整"渐变起点"和"渐
变终点"；添加"分形杂色"效果，设置"对比
度"为30、"变换"下的"缩放"为142、"复杂度"
为3、"混合模式"为"柔光"，如图9-43所示。

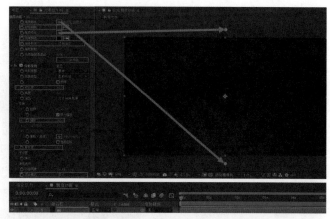

图9-43

02 按住Alt键单击"分形杂
色"下的"演化"左侧的码
表，激活表达式，输入
time*25；添加"快速方框模
糊"效果，设置"模糊半径"
为30，勾选"重复边缘像
素"，如图9-44所示。

图9-44

绘制雪花贴图

按快捷键Ctrl+N新建合成，将"合成名称"设置为"贴图"，设置合成大小为400px×400px、"持续时间"为
3帧。按快捷键Ctrl+Y新建纯色层，设置"颜色"为白色，将其命名为"雪花"。选择"雪花"层并按快捷键
Ctrl+Shift+C进行预合成，将
所有属性移动到新合成中，
将其命名为"雪花贴图"。双
击"雪花贴图"合成，按快
捷键Ctrl+K设置合成大小为
200px×200px。选择"雪
花"层并双击"椭圆工具"，
双击"蒙版"，按快捷键
Shift+Alt等比例缩小蒙版并
放在合成右下方。选择"蒙
版1"并按快捷键Ctrl+D复制
该蒙版，双击"蒙版2"并缩
小该蒙版，设置"蒙版2"的
混合模式为"相减"，然后用
"钢笔工具"绘制蒙版，如图9-45所示。

图9-45

添加动态拼贴效果

回到"贴图"合成，选择"雪花贴图"层并按A键调出"锚点"属性，设置"锚点"为（200,200）。为其添加"动态拼贴"效果，勾选"镜像边缘"，设置"输出宽度"为300、"输出高度"为300。按R键调出"旋转"属性，按住Alt键单击"旋转"左侧的码表，激活表达式，输入index*60。选择"雪花贴图"层并连续按快捷键Ctrl+D复制两层。按快捷键Ctrl+Y新建纯色层，选择该层并双击"椭圆工具"，设置混合模式为"模板亮度"，如图9-46所示。

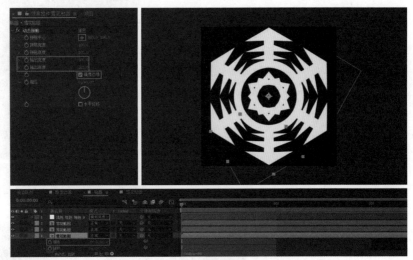

图9-46

新建合成查看器

按快捷键Ctrl+A全选层，按快捷键Ctrl+Shift+C进行预合成，将所有属性移动到新层中，并将其命名为"雪花"。在"合成"面板中执行"贴图>新建 合成查看器"菜单命令，锁定左边的视窗，选择右边的视窗，单击"雪花贴图"合成，可观察绘制的蒙版添加了"动态拼贴"效果后的效果，如图9-47所示。

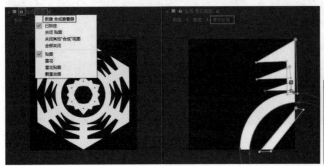

图9-47

绘制雪花

01 在左边的视窗中锁定"贴图"合成，在右边的视窗中单击"雪花贴图"合成，"雪花"层的时间轴中只显示1帧。用"钢笔工具"绘制形状，设置"填充"为"无"、"描边"为10像素。全选形状层并按快捷键Ctrl+Shift+C进行预合成，将所有属性移动到新合成中，并将其命名为"雪花2"，如图9-48所示。

图9-48

02 "雪花贴图"合成中的"雪花2"层的时间轴上只显示1帧，即从第1帧处开始显示。用"钢笔工具"绘制形状，设置"填充"为"无"、"描边"为10像素。全选形状层并按快捷键Ctrl+Shift+C进行预合成，将所有属性移动到新层中，并将其命名为"雪花3"，"雪花3"层的时间轴上也只显示1帧，即从第2帧处开始显示，如图9-49所示。

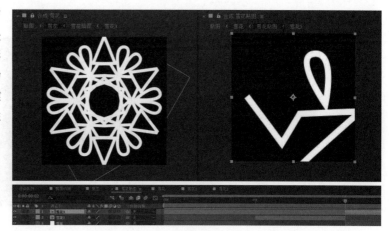

图9-49

添加Particular插件

01 解锁全部视窗后关掉一个视窗，回到"飘雪动画"合成。按快捷键Ctrl+Y新建纯色层，将"颜色"设置为黑色，将其命名为"粒子"，并为其添加RG Trapcode-Particular(红巨人粒子插件Particular)效果。将"粒子"层单独显示，设置Emitter Type(发射器类型)为Box(盒子)、Direction(方向)为Directional(定向的)、Y Rotation(y轴旋转)为0x+90°、Velocity(速率)为500、Emitter Size X(x轴发射器大小)为1200、Emitter Size Y(y轴发射器大小)为1300、Emitter Size Z(z轴发射器大小)为2000，如图9-50所示。

图9-50

02 设置Emitter(发射器)下的Emission Extras(发射附加)下的Pre Run(预运行)为100%、Particle(Master)(主粒子)下的Life[sec](生命/秒)为6、Size over Life(大小生命周期)为PRESETS(预设)，选择一种预设，让粒子随生命的增长由小到大再变小，如图9-51所示。

图9-51

修改物理属性

设置Physics(Master)(主物理) 下的Gravity(重力) 为60、Air(空气) 下的Turbulence Field(扰乱场) 下的Affect Position(影响位置) 为480、Scale(范围) 为2, 如图9-52所示。

图9-52

使用运动模糊

设置Rendering(渲染) 下的Motion Blur(运动模糊) 为On(开), 如图9-53所示。

图9-53

修改粒子数量

设置Emitter(Master)(主发射器) 下的Particles/sec(每秒粒子数) 为300, 显示"粒子"层, 设置"粒子"层的混合模式为"屏幕", 如图9-54所示。

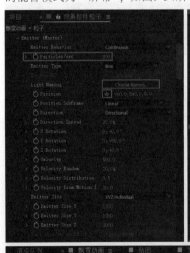

图9-54

修改粒子颜色

设置Particle(Master)(主粒子) 下的Size Random(大小随机值) 为50%、Color(颜色) 为淡蓝色、Blend Mode(混合模式) 为Add(相加)，如图9-55所示。

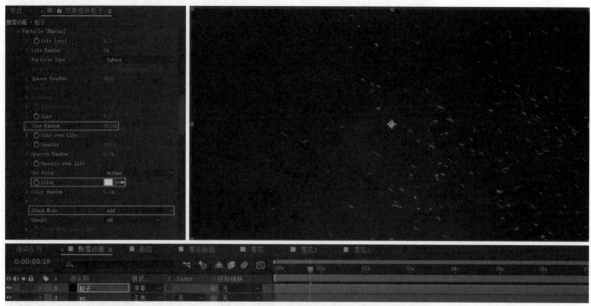

图9-55

复制粒子层

选择"粒子"层并按快捷键Ctrl+D复制该层，选择上层"粒子"层，设置Emitter(发射器) 下的Velocity(速率) 为550、Random Seed(随机种子) 为100050。为该层添加"摄像机镜头模糊"效果，设置"模糊半径"为40，如图9-56所示。

图9-56

替换贴图

选择下层"粒子"层并按Enter键将其重命名为"粒子雪花",将该层放在顶层。在"项目"面板中将"贴图"合成拖曳到"时间轴"面板中并放在底层,然后隐藏。设置Particle(Master)(主粒子)下的Particle Type(粒子类型)为Texture Polygon Colorize、Texture(纹理)下的Layer(图层)为"4.贴图"、Time Sampling(时间采样)为Split Clip-Stretch、Rotation(旋转)下的Random Rotation(随机旋转)为40、Size(大小)为40,如图9-57所示。

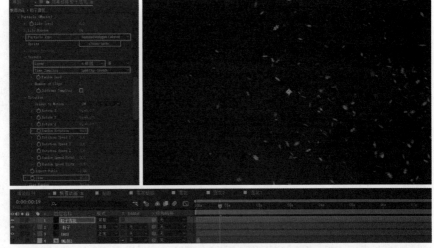

图9-57

修改运动模糊

选择"粒子雪花"层,设置Rendering(渲染)下的Motion Blur(运动模糊)下的Shutter Angle(快门角度)为200,如图9-58所示。

图9-58

增加细节

01 选择"粒子雪花"层并按快捷键Ctrl+D复制该层,设置"粒子雪花2"层下的Emitter(发射器)下的Particles/sec(每秒粒子数)为30、Random Seed(随机种子)为101870,如图9-59所示。

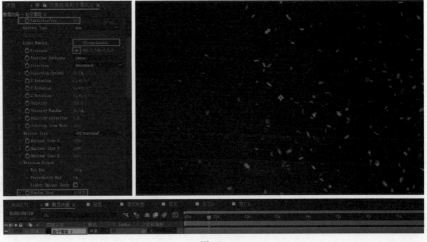

图9-59

02 选择"粒子雪花2"层,设置Rendering(渲染)下的Shutter Angle(快门角度)为0。为该层添加"发光"效果,设置"发光阈值"为64%、"发光半径"为120,如图9-60所示。

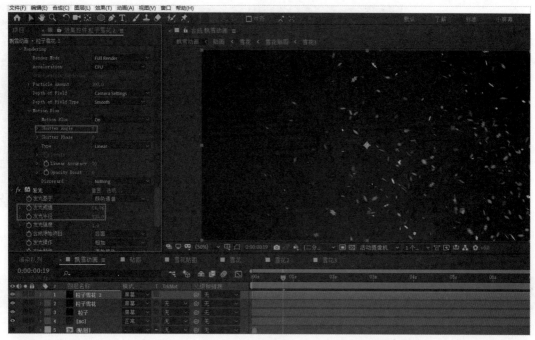

图9-60

添加曲线和杂色效果

按快捷键Ctrl+Alt+Y新建"调整图层1"层,并为其添加"曲线"效果,通过调整曲线来增加对比度;添加"杂色"效果,设置"杂色数量"为5%,如图9-61所示。

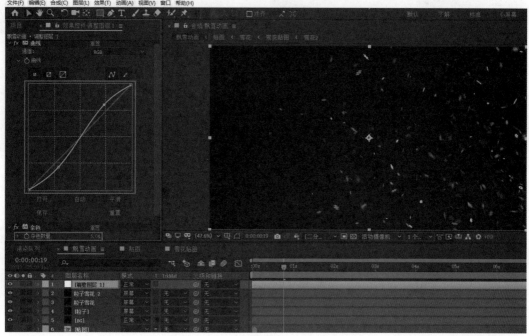

图9-61

预览、输出

　　将时间线放在0秒处并按Space键预览效果。将时间线放在0秒处，按快捷键Ctrl+M跳转到"渲染队列"面

板，设置"输出模块"为
"自定义：QuickTime"、"输出
到"为"飘雪动画.mov"，单
击"飘雪动画.mov"，在弹
出的"将影片输出到："对话
框中设置导出路径和文件名，
保存后单击面板右上角的
"渲染"按钮　渲染　，如图
9-62所示。

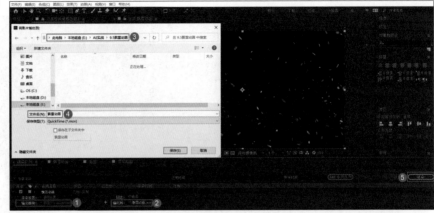

图9-62

9.6 下雪

实例位置	实例文件 > CH09 > 下雪
教学视频	下雪.mp4
学习目标	掌握下雪动画的制作方法

9.7 唯美雪花动画（使用Trapcode Particular插件）

实例位置	实例文件 > CH09 > 唯美雪花动画（使用Trapcode Particular插件）
教学视频	唯美雪花动画（使用Trapcode Particular插件）.mp4
学习目标	掌握Particular插件的使用方法

第10章 流体动画效果

■ 学习目的

　　本章将介绍流体动画效果，其制作方法相对简单，主要以液体和液体场景为主。流体动画效果的应用有一定的局限性，通常需要容器或特定环境。

■ 主要内容

· 波纹涟漪　　　　　· 粒子海洋

· 海洋泡泡　　　　　· 模拟海面

10.1 波纹涟漪

实例位置	实例文件 > CH10 > 波纹涟漪
教学视频	波纹涟漪.mp4
学习目标	掌握三维方向的调整方法

新建合成

01 新建合成，将"合成名称"设置为"波纹涟漪"，设置合成大小为1920px×1080px、"持续时间"为10秒，单击"确定"按钮，如图10-1所示。

02 按快捷键Ctrl+I导入带透明通道的魔法图片素材，将其拖曳到"时间轴"面板中，如图10-2所示。

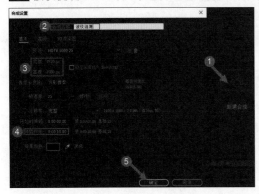

图10-1

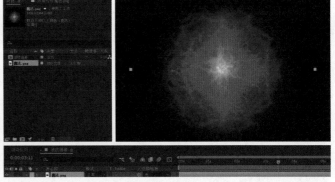

图10-2

添加波纹效果

　　为素材添加"波纹"效果，设置"半径"为100、"波形宽度"为30、"波形高度"为186，产生波纹涟漪的动态效果，如图10-3所示。

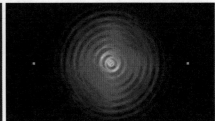

图10-3

调整颜色

　　添加"色相/饱和度"效果，调整"主色相"的值，如图10-4所示。

图10-4

三维方向调整

打开三维开关，按R键调出旋转属性，设置"X轴旋转"为0x－60°，如图10-5所示。

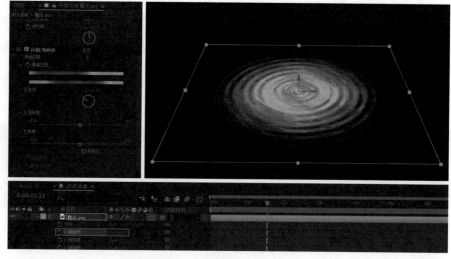

图10-5

合成方式

按快捷键Ctrl+I导入湖面图片素材并将其拖曳到"时间轴"面板中，将其放在底层。设置"魔法.png"层的混合模式为"柔光"，调整"X轴旋转"。按快捷键S键调出"缩放"属性，调整大小，如图10-6所示。

图10-6

预览、输出

将时间线放在0秒处并按Space键预览效果。将时间线放在0秒处，按快捷键Ctrl+M跳转到"渲染队列"面板，设置"输出模块"为"自定义:QuickTime"、"输出到"为"波纹涟漪.mov"，单击"波纹涟漪.mov"，在弹出的"将影片输出到:"对话框中设置导出路径和文件名，保存后单击面板右上角的"渲染"按钮，如图10-7所示。

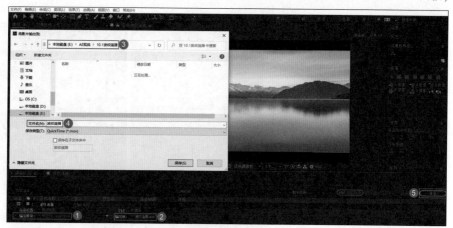

图10-7

10.2 海底世界（使用Trapcode 3d Stroke、Shine插件）

实例位置	实例文件 > CH10 > 海底世界（使用Trapcode 3d Stroke、Shine插件）
教学视频	海底世界（使用Trapcode 3d Stroke、Shine插件）.mp4
学习目标	掌握3D Stroke插件的使用方法

新建合成

新建合成，将"合成名称"设置为"海底世界"，设置合成大小为1920px×1080px、"持续时间"为10秒，单击"确定"按钮，如图10-8所示。

添加3D Stroke插件

01 按快捷键Ctrl+Y新建纯色层，将其命名为3D Stroke，并为其添加RG Trapcode-3D Stroke(红巨人粒子插件3D Stroke) 效果，设置Presets(预设) 为Basic Circle(基础圆形)、Thickness(厚度) 为2，勾选Taper(锥化) 的Enable(开启)，如图10-9所示。

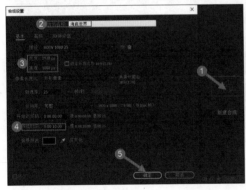

图10-8

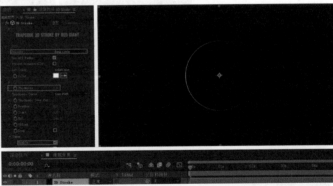

图10-9

02 设置Transform(变换) 下的Bend(弯曲) 为36，在0秒处设置Bend Axis(弯曲轴向) 为0x+0°并设置关键帧，勾选Bend Around Center(绕中心弯曲)，设置X Rotation(x轴旋转) 为0x+102°；勾选Repeater(中继器) 下的Enable(启用)，设置Instances(实例) 为10、X Displace (x轴位移) 为−10、Z Displace(z轴位移) 为0、Z Rotation(z轴旋转) 为0x+25°，如图10-10所示。

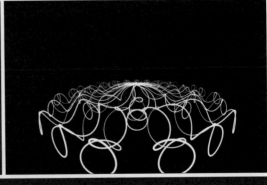

图10-10

03 在结束帧处设置Bend Axis为0x-200°，如图10-11所示。

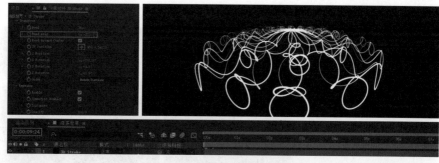

图10-11

04 设置3D Stroke(3D描边)下的Set Color(设置颜色)为Over X(在x轴)，修改Color Ramp(颜色渐变)的颜色，如图10-12所示。

图10-12

创建摄像机并调整

按快捷键Ctrl+Alt+Shift+C创建摄像机，并调整摄像机的位置，可以给摄像机的位置设置关键帧动画，如图10-13所示。

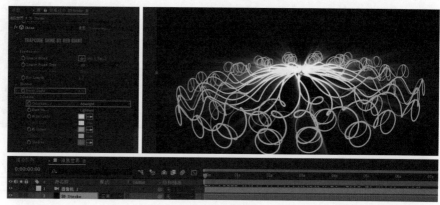

图10-13

优化

为3D Stroke层添加RG Trapcode-Shine(红巨人粒子插件Shine)效果，设置Boost Light(光线亮度)为1.5、Colorize(着色)为Aqualight，如图10-14所示。

图10-14

添加CC Radial Fast Blur效果

为3D Stroke层添加CC Radial Fast Blur(CC放射快速模糊）效果，设置Zoom（变焦）为Darkest(最黑暗的)，如图10-15所示。

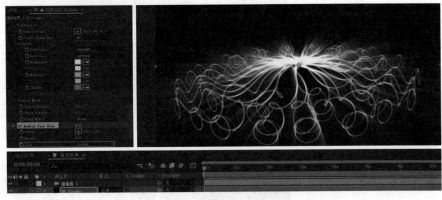

图10-15

预览、输出

将时间线放在0秒处并按Space键预览效果。将时间线放在0秒处，按快捷键Ctrl+M跳转到"渲染队列"面板，设置"输出模块"为"自定义：QuickTime"、"输出到"为"海底世界.mov"，单击"海底世界.mov"，在弹出的"将影片输出到："对话框中设置导出路径和文件名，保存后单击面板右上角的"渲染"按钮，如图10-16所示。

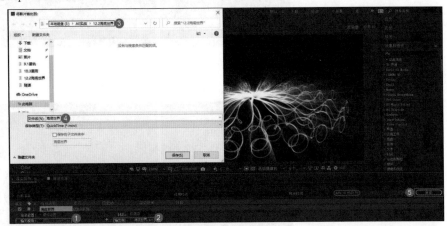

图10-16

10.3 粒子海洋（使用Stardust插件）

实例位置	实例文件＞CH10＞粒子海洋（使用Stardust插件）
教学视频	粒子海洋（使用Stardust插件）.mp4
学习目标	掌握添加"发光"效果的方法

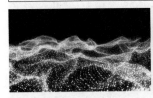 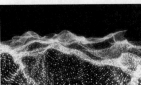 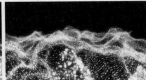 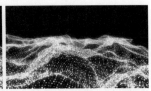

新建合成

新建合成，将"合成名称"设置为"粒子海洋"，设置合成大小为1920px×1080px、"持续时间"为10秒，单击"确定"按钮，如图10-17所示。

添加Stardust插件

01 按快捷键Ctrl+Y新建纯色层，将其命名为Stardust，为其添加Superiuminal-Stardust(星尘粒子插件）效果，选择Presets：Browse下的预设，打开Hud文件夹，选择Turbulence Grid，如图10-18所示。

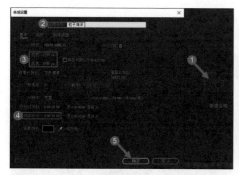

图10-17

图10-18

02 把单独的Particle(粒子)节点和Emitter(发射器)节点删除,设置Particle(粒子)下的Particle Properties(粒子属性)下的Size Random(大小随机值)为56、Opacity Random(不透明度随机值)为50、Particle Color(粒子颜色)为Color Over Life(颜色生命周期)、Color Gradient(颜色梯度)为Presets(预设),然后修改颜色,如图10-19所示。

图10-19

添加发光效果

添加"发光"效果,设置"发光阈值"为66%、"发光半径"为52,如图10-20所示。

创建摄像机并调整

按快捷键Ctrl+Alt+Shift+C创建摄像机,并调整摄像机的位置,如图10-21所示。

图10-20

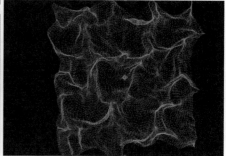

图10-21

预览、输出

将时间线放在0秒处并按Space键预览效果。将时间线放在0秒处，按快捷键Ctrl+M跳转到"渲染队列"面板，设置"输出模块"为"自定义:QuickTime"、"输出到"为"粒子海洋.mov"，单击"粒子海洋.mov"，在弹出的"将影片输出到:"对话框中设置导出路径和文件名，保存后单击面板右上角的"渲染"按钮，如图10-22所示。

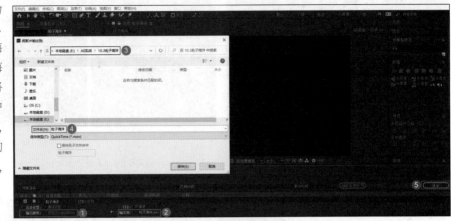

图10-22

10.4 海洋泡泡

实例位置	实例文件 > CH10 > 海洋泡泡
教学视频	海洋泡泡.mp4
学习目标	掌握添加"湍流置换"效果的方法

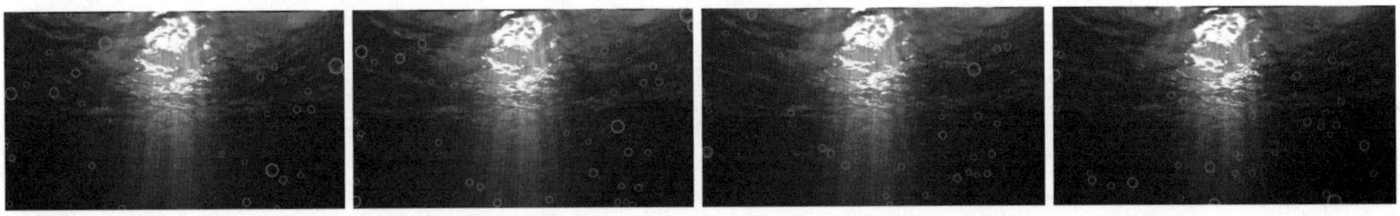

新建合成

新建合成，将"合成名称"设置为"海洋泡泡"，设置合成大小为1920px×1080px、"持续时间"为10秒，单击"确定"按钮，如图10-23所示。

添加分形杂色效果

按快捷键Ctrl+Y新建纯色层，将其命名为"分形"，为其添加"分形杂色"效果。设置"对比度"为240、"亮度"为−25、"缩放宽度"为500、"缩放高度"为60、"复杂度"为3，按住Alt键单击"演化"左侧的码表，激活表达式，输入time*100，如图10-24所示。

图10-23

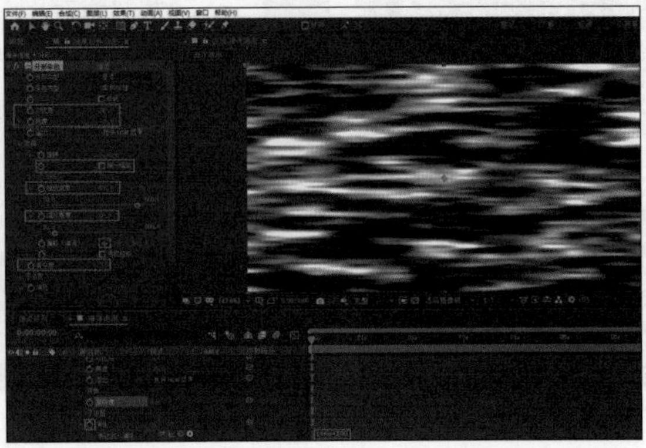

图10-24

添加湍流置换效果

按快捷键Ctrl+Alt+Y新建"调整图层4",为其添加"湍流置换"效果,设置"数量"为30、"大小"为60,按住Alt键单击"演化"左侧的码表 ,激活表达式,输入time*100,如图10-25所示。

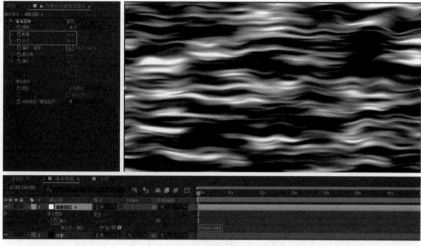

图10-25

添加置换图效果

按快捷键Ctrl+A全选层,按快捷键Ctrl+Shift+C进行预合成,将所有属性移动到新合成中,并将其命名为"水纹"。按快捷键Ctrl+I导入海洋图片素材并将其拖曳到"时间轴"面板中,单击鼠标右键,执行"变换"菜单命令。选择海洋图片素材并为其添加"置换图"效果,设置"置换图层"为"2.水纹"、"用于水平置换"为"明亮度"、"用于垂直置换"为"明亮度",如图10-26所示。

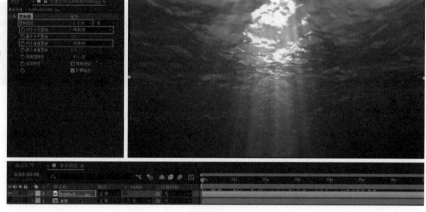

图10-26

添加CC Bubbles效果

按快捷键Ctrl+Y新建纯色层,设置"颜色"为蓝色,将其命名为"泡泡"。选择"泡泡"层并为其添加CC Bubbles效果,设置Bubble Amount(气泡数量)为200、Wobble Amplitude(摇摆振幅)为10,Bubble Size(气泡大小)为3、如图10-27所示。

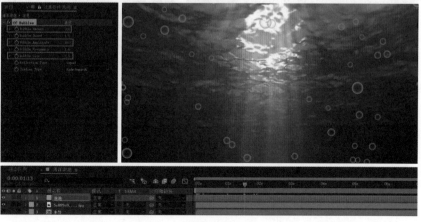

图10-27

预览、输出

　　将时间线放在0秒处并按Space键预览效果。将时间线放在0秒处，按快捷键Ctrl+M跳转到"渲染队列"面板，设置"输出模块"为"自定义：QuickTime"、"输出到"为"海洋泡泡.mov"，单击"海洋泡泡.mov"，在弹出的"将影片输出到："对话框中设置导出路径和文件名，保存后单击面板右上角的"渲染"按钮，如图10-28所示。

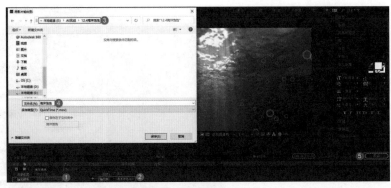

图10-28

10.5 模拟海面（使用Deep Glow插件）

实例位置	实例文件 > CH10 > 模拟海面（使用Deep Glow插件）
教学视频	模拟海面（使用Deep Glow插件）.mp4
学习目标	掌握添加"镜像"效果的方法

新建合成

　　新建合成，将"合成名称"设置为"模拟海面"，设置合成大小为1920px×1080px、"持续时间"为10秒，单击"确定"按钮，如图10-29所示。

绘制月亮

　　使用"椭圆工具"■在合成中心绘制一个圆形，设置"填充"为渐变色、"描边"为无，将其移动到合成偏上的位置，选择形状层并按Enter键，将其重命名为"月亮"，如图10-30所示。

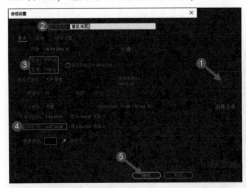

图10-29

图10-30

制作海面

　　按快捷键Ctrl+Y新建纯色层，并将其命名为"海面"。按快捷键Ctrl+Shift+C进行预合成，将所有属性移动到新合成中，并将其命名为"海面"。双击"海面"合成，为"海面"层添加"分形杂色"效果，设置"分形类型"

为"动态"、"杂色类型"为"样条"、"复杂度"为4；按住Alt键单击"演化"左侧的"码表"，激活表达式，输入time*150。为"海面"层启用三维模式，按R键调出旋转属性，设置"X轴旋转"为0x－60°，将其横向放大并向下移动，如图10-31所示。

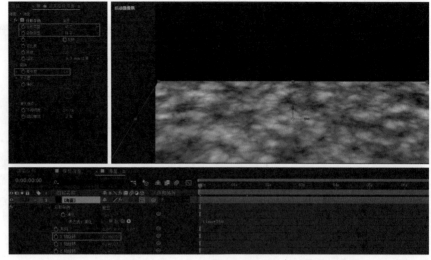

图10-31

添加湍流置换效果

按快捷键Ctrl+Alt+Y新建"调整图层1"，为其添加"湍流置换"效果，设置"数量"为30、"大小"为60。按住Alt键单击"演化"左侧的码表，激活表达式，输入time*150，如图10-32所示。

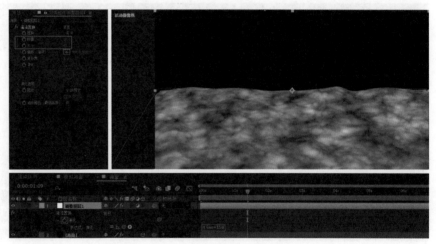

图10-32

添加置换图效果

回到"模拟海面"合成，选择"月亮"层并按快捷键Ctrl+Shift+C进行预合成，将所有属性移动到新层中，将其命名为"月亮"。按快捷键Ctrl+Alt+Y新建"调整图层2"，按Enter键将其重命名为"置换图"，为其添加"置换图"效果，设置"置换图层"为"2.海面"、"用于水平置换"为"明亮度"、"最大水平置换"为200、"用于垂直置换"为"明亮度"、"最大垂直置换"为200，然后将"海面"层隐藏，如图10-33所示。

图10-33

添加镜像效果

按快捷键Ctrl+Alt+Y新建"调整图层3",按Enter键将其重命名为"镜像",为其添加"镜像"效果,设置"反射角度"为0x+90°,如图10-34所示。

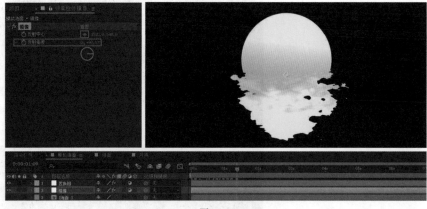

图10-34

添加Deep Glow效果

双击"月亮"合成,选择"月亮"层并为其添加Deep Glow效果,设置Exposure(曝光度)为0.2,如图10-35所示。

图10-35

添加CC Star Burst效果

选择"月亮"合成并按快捷键Ctrl+Y新建纯色层,设置"颜色"为淡黄色,将其命名为"星"。为其添加CC Star Burst(CC星爆)效果,设置Scatter(分散)为900、Speed(速度)为0。按T键调出"不透明度"属性,按住Alt键单击"不透明度"左侧的码表,激活表达式,输入wiggle(1,50),如图10-36所示。

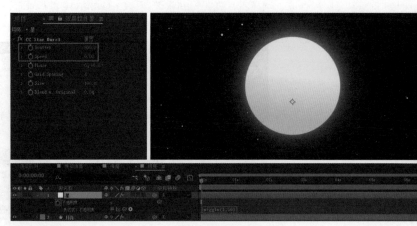

图10-36

预览、输出

回到"模拟海面"合成，将时间线放在0秒处并按Space键预览效果。将时间线放在0秒处，按快捷键Ctrl+M跳转到"渲染队列"面板，设置"输出模块"为"自定义：QuickTime"、"输出到"为"模拟海面.mov"，单击"模拟海面.mov"，在弹出的"将影片输出到："对话框中设置导出路径和文件名，保存后单击面板右上角的"渲染"按钮（渲染），如图10-37所示。

图10-37

10.6 海底

实例位置	实例文件＞CH10＞海底
教学视频	海底.mp4
学习目标	掌握添加"分形杂色"效果的方法

新建合成

新建合成，将"合成名称"设置为"海底"，设置合成大小为1920px×1080px、"持续时间"为10秒，单击"确定"按钮，如图10-38所示。

添加分形杂色效果

按快捷键Ctrl+Y新建纯色层，将其命名为"分形"，按快捷键Ctrl+Shift+C进行预合成，将所有属性移动到新合成中，双击"分形"合成。选择"分形"层并为其添加"分形杂色"效果，设置"分形类型"为"动态渐进"，勾选"反转"，设置"变换"下的"缩放"为70；在0秒处为"偏移（湍流）"设置关键帧，设置"子缩放"为70；按住Alt键单击"演化"左侧的码表 ，激活表达式，输入time*200，如图10-39所示。

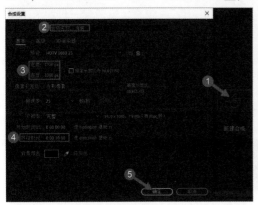

图10-38

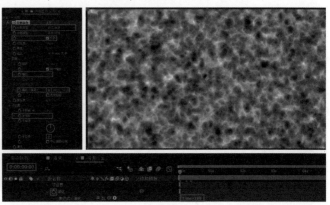

图10-39

制作循环移动动画

在1秒处设置"偏移（湍流）"的y轴参数值，将效果向下移动。按住Alt键单击"偏移（湍流）"左侧的码表 ⊙，激活表达式，输入loopOut("offsct");，如图10-40所示。

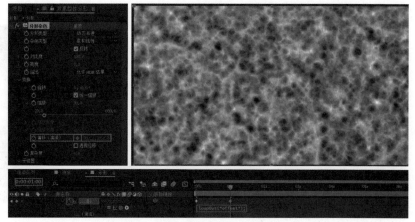

图10-40

制作底层

回到"海底"合成，选择"分形"层并按Enter键，将其重命名为"底"，打开三维开关。按R键调出"旋转"属性，设置"X轴旋转"为0x－60°；按S键调出"缩放"属性，设置"缩放"为（120%，120%,120%），将效果向下移动。双击"椭圆工具" ◯，设置"蒙版羽化"为（380像素，380像素）、"蒙版扩展"为－220像素。添加CC Vector Blur(CC矢量模糊)效果，设置Amount(数量)为10，如图10-41所示。

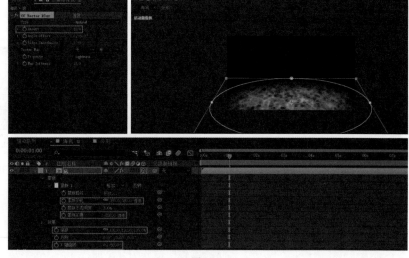

图10-41

复制海面

按快捷键Ctrl+Y新建纯色层，设置"颜色"为蓝色，将其命名为"颜色"，设置该层的混合模式为"柔光"。将其放在底层并按快捷键Ctrl+D复制该层，将复制的层重命名为"海面"并放在顶层。删除CC Vector Blur(CC矢量模糊)效果，选择"海面"层并按快捷键Ctrl+Shift+C进行预合成，将所有属性移动到新合成中，并将其命名为"海面"，如图10-42所示。

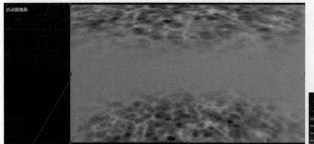

图10-42

导入素材

按快捷键Ctrl+I导入蓝天白云图片素材，将其拖到"时间轴"面板中并移动到"底"层上方，"海面"层下

方。选择蓝天白云图片素
材并按快捷键Ctrl+Shift+C
进行预合成，将所有属性
移动到新层中，并将其命
名为"蓝天白云"，为"海
面"和"蓝天白云"层打
开三维开关，如图10-43
所示。

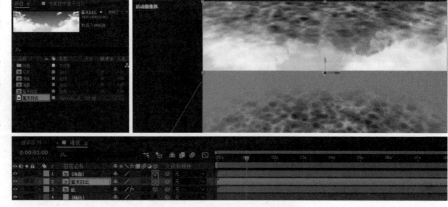

图10-43

添加CC Glass效果

按快捷键Ctrl+Alt+Shift+C创建摄像机，按F4键切换开关，在"蓝天白云"层的"轨道遮罩"中选择

"Alpha遮罩'[海面]'"。
选择"蓝天白云"层并
为其添加CC Glass(CC玻
璃)效果，设置Surface
(表面)下的Bump Map
(凹凸贴图)为"2.海面"、
Softness(柔和度)为6、
Displacement(位移)为
450、Shading(阴影)下
的Roughness(粗糙)为
0.018，如图10-44所示。

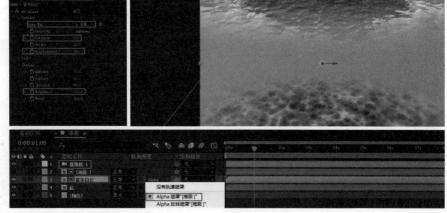

图10-44

添加CC Radial Blur效果

选择"海面"层并按快捷键Ctrl+D复制该层，为复制的层添加CCRadial Blur(CC放射模糊)效果，设置Type

(类型)为Fading Zoom
(渐变变焦)、Amount(数
量)为140、Quality(品质)
为40；添加"色阶"效
果，调整直方图以增强对
比度；添加"色调"效
果，将"白色映射到颜
色"设置为金色(阳光颜
色)，如图10-45所示。

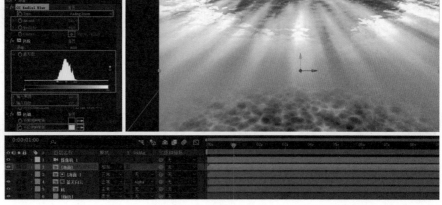

图10-45

添加梯度渐变效果

将"颜色"层放在"底"层上方,选择"颜色"层并为其添加"梯度渐变"效果,修改"起始颜色"和"结束颜色",设置该层的混合模式为"叠加",如图10-46所示。

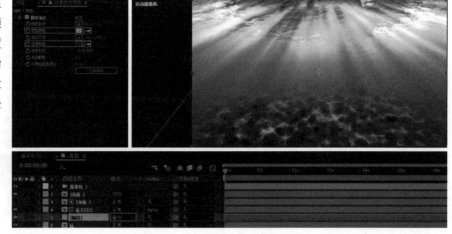

图10-46

预览、输出

将时间线放在0秒处并按Space键预览效果。将时间线放在0秒处,按快捷键Ctrl+M跳转到"渲染队列"面板,设置"输出模块"为"自定义:QuickTime"、"输出到"为"海底.mov",单击"海底.mov",在弹出的"将影片输出到:"对话框中设置导出路径和文件名,保存后单击面板右上角的"渲染"按钮（　渲染　）,如图10-47所示。

图10-47

10.7 星沉大海（使用Trapcode Particular、Mir插件）

实例位置	实例文件＞CH10＞星沉大海（使用Trapcode Particular、Mir插件）
教学视频	星沉大海（使用Trapcode Particular、Mir插件）.mp4
学习目标	掌握透视海底的制作方法

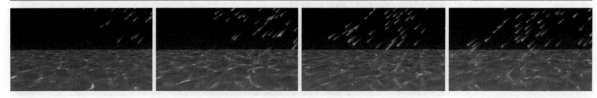

10.8 水滴

实例位置	实例文件 > CH10 > 水滴
教学视频	水滴.mp4
学习目标	掌握添加CC Lens效果的方法

新建合成

新建合成，将"合成名称"设置为"水滴"，设置合成大小为1920px×1080px、"持续时间"为10秒，单击"确定"按钮，如图10-48所示。

添加CC Lens效果

01 按快捷键Ctrl+I导入图片素材，将其拖曳到"时间轴"面板中，按快捷键Ctrl+D复制该层。为上层图片素材添加CC Lens(CC镜头)效果，设置Size(大小)为300，完全显示图片素材的内容，并在0秒处设置关键帧，如图10-49所示。

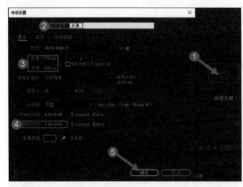

图10-48

图10-49

02 在结束帧处设置Size为6，产生水滴过渡的效果，如图10-50所示。

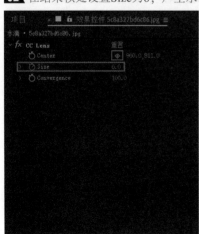

图10-50

预览、输出

　　将时间线放在0秒处并按Space键预览效果。将时间线放在0秒处，按快捷键Ctrl+M跳转到"渲染队列"面板，设置"输出模块"为"自定义：QuickTime"、"输出到"为"水滴.mov"，单击"水滴.mov"，在弹出的"将影片输出到："对话框中设置导出路径和文件名，保存后单击面板右上角的"渲染"按钮，如图10-51所示。

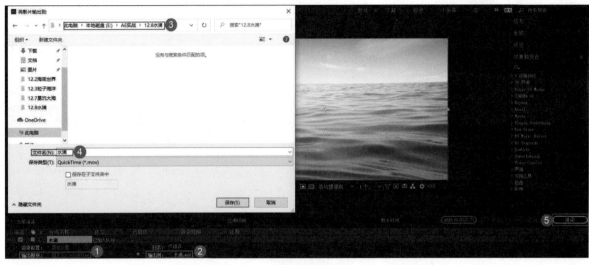

图10-51

10.9　水珠滑落

实例位置	实例文件 > CH10 > 水珠滑落
教学视频	水珠滑落.mp4
学习目标	掌握水珠滑落动画的制作方法

10.10　冰冻

实例位置	实例文件 > CH10 > 冰冻
教学视频	冰冻.mp4
学习目标	掌握半固体的制作方法